高职计算机类精品教材

Access 2007 数据库应用技术

主　　编　刘　斌　张　毓

副 主 编　秦晓安　何　军

编写人员　**（以姓氏笔画为序）**

　　　　　朱静怡　刘　斌　汤义好

　　　　　李春秋　何　军　张　波

　　　　　张　毓　秦晓安

中国科学技术大学出版社

内 容 简 介

本书系统介绍了 Access 2007 数据库管理系统的基本对象及其在实际数据库应用程序开发中的作用。书中选取网上商城的数据管理和教学工作中的成绩数据库管理为例,通过这两个实例,全面地介绍了 Access 2007 中各类数据库对象的具体操作,这些实例在教材编写团队的教学中应用多年,并且效果良好。在编写上,该教材以任务为驱动,将每个章节的内容分散到各个任务中,最终实现各章的学习目标。

本书适合作为高等院校本、专科学生的教材,也可以作为数据库应用系统开发人员、计算机等级考试"二级 Access 数据库程序设计"考生、电子商务网站设计者以及自学者的参考书。

图书在版编目(CIP)数据

Access 2007 数据库应用技术/刘斌,张毓主编. —合肥:中国科学技术大学出版社,2013.9

ISBN 978-7-312-03287-5

Ⅰ. A⋯　Ⅱ.①刘⋯ ②张⋯　Ⅲ.关系数据库系统　Ⅳ. TP311.138

中国版本图书馆 CIP 数据核字(2013)第 156499 号

出版	**中国科学技术大学出版社**
	安徽省合肥市金寨路 96 号,230026
	http://press.ustc.edu.cn
印刷	合肥现代印务有限公司
发行	中国科学技术大学出版社
经销	全国新华书店
开本	710 mm×960 mm　1/16
印张	15
字数	294 千
版次	2013 年 9 月第 1 版
印次	2013 年 9 月第 1 次印刷
定价	28.00 元

前　　言

  Microsoft Access 2007 是一个数据库应用程序设计和部署工具,作为 Office 办公软件的一个重要组成部分,与其他 Office 组件在许多特性上保持一致,可以方便地在各 Office 组件之间交换数据,具有界面友好、易学易用、开发简单、接口灵活等特点,使用户更容易操作。

  本书共分 8 章,第 1 章介绍了数据库的基础知识以及 Access 2007 的工作环境;第 2 章介绍了创建和打开 Access 数据库、在导航窗格中自定义组、打开与搜索数据库对象、复制与删除数据库对象以及备份数据库的方法;第 3 章介绍了查询的创建方法和使用技巧;第 4 章介绍了窗体的类型、窗体视图、创建各种窗体的一般方法、窗体属性的设置以及使用窗体自定义用户界面等知识;第 5 章介绍了有关宏的知识,包括宏的概念、宏的类型、创建与运行宏的基本方法以及与宏相关的各种事件和宏操作;第 6 章介绍了报表在系统中的作用及其设计方法;第 7 章介绍了数据库的管理和安全设置;第 8 章介绍了一个完整的简单系统开发的过程。

  本书结构清晰、内容翔实、图文并茂,所有程序都运行通过,习题比例恰当。书中所使用的两个数据库应用程序来源于工作实践,并且经过多年的实际应用检验,实用性强。本书可以作为高等院校本、专科学生的教材,也可作为数据库管理系统开发人员和数据库爱好者学习的参考书。

  本书由刘斌、张毓任主编,秦晓安、何军任副主编。其中第 1 章由张毓执笔,第 2 章由李春秋执笔,第 3 章由汤义好执笔,第 4 章由朱静怡执笔,第 5 章由秦晓安执笔,第 6 章由张波执笔,第 7 章由何军执笔,第 8 章由刘斌执笔。

作　者

2013 年 5 月

目　　录

第1章　Access 基础

随着社会步入信息时代,人们借助计算机和网络,可以方便地获得所需要的各种信息,也可以根据需要在网络上发布个人或单位的各种信息,这些都离不开数据库技术的支持。

数据库技术是目前计算机领域发展最快、应用最广泛的技术。它的应用遍及各行各业各个领域,大到全国联网的飞机票售票系统、银行业务处理系统,小到小型企事业单位的人力资源管理系统、员工工资管理系统、家庭理财系统等等,这些都是数据库技术的应用实例。人们使用数据库管理系统高效、快速地管理数据,维护数据,实现数据管理的现代化。

Access 是一个功能强大的关系型数据库管理系统。它具有简单而方便的操作方法、美观的用户界面,是目前广为流行的数据库管理系统。本书将以 Access 2007 为蓝本,介绍 Access 数据库管理系统的基础知识和基本操作方法。

1.1　数据库基础知识

数据库技术是计算机信息系统的核心技术之一,是一种计算机辅助管理数据的方法,它研究如何组织和存储数据,如何高效地处理数据、获取信息。

数据库技术研究和管理的对象是数据,所以数据库技术所涉及的具体内容主要包括:通过对数据的统一组织和管理,按照指定的结构建立相应的数据库;利用数据库管理系统设计出能够实现对数据库中的数据进行添加、修改、删除、处理、分析、报表和打印等多种功能的数据库应用系统,并利用数据库应用系统最终实现对数据的处理与分析。

1.1.1　数据库系统的基本概念

Access 是一个关系型数据库管理系统,它以数据库技术为理论基础管理数据。因此,学习 Access 数据库管理系统,首先需要掌握数据库技术的一些基本概念和基础知识。

1. 数据与信息

我们现实生活中有大量的数据需要管理。例如,学校要管理学生的学号、姓名、性别、照片、出生日期、学科成绩等数据；企业要管理员工的工号、姓名、性别、工资等数据。所有的这些文字、数字和图片都是数据。一般来说，数据就是描述事物的符号。从计算机学科的角度来说，数据是指能被计算机存储和处理、反映客观事物属性的符号。具有实际意义的文字、数字、图片、声音、符号等都可以是计算机处理的数据。

处理后的数据称为信息。

2. 数据处理

数据处理就是将数据转换为信息的过程，它包括对数据进行收集、存储、传播、检索、分类、加工或计算、打印和输出等操作。通过数据处理，可以从大量的、杂乱的数据中取出有价值、有意义的信息。

3. 数据库

数据库就是有组织的、可共享的相关数据的集合，是一个存储数据的"仓库"。在这个"仓库"中，数据被分门别类、有条不紊地保存。

例如，在企事业单位中，常常会将员工的基本情况（如职工号、姓名、性别、年龄、籍贯、工资、简历等）存放在表中，这张表就可以看成是一个数据库。有了这个"数据仓库"，就可以根据需要随时查询职工的基本情况了。

数据库也是数据库系统的核心和管理对象。数据库中的数据是集成的、可共享的、最小冗余的和能为多种应用服务的。

4. 数据库管理系统

数据库管理系统是一种操作和管理数据库的软件系统，用于建立、使用和维护数据。它对数据库进行统一的管理和控制，以保证数据库的安全性和完整性。

打个比方，如果把图书馆中的图书看作数据，则图书馆的管理机构就相当于数据库管理系统。在图书馆管理部门的有效管理下图书才能正常流通，读者才能方便地检索、借阅读书。类似地，在数据库管理系统的管理下，用户才能方便地对数据进行输入、存储、修改、查询、统计、输出等操作。

数据库管理系统可以把日常生活中用表格、卡片等形式管理的数据有效地组织起来，将数据方便地输入到计算机中，通过计算机处理后，按照用户的要求输出结果。用户可以使用数据库管理系统方便地存储数据、编辑数据、检索数据、计算数据和统计数据，也可以使用数据库管理系统提供的程序设计功能编写程序来管理数据。

数据库管理系统按照指定的结构存储数据，使数据具有高度的独立性，不同的应用程序可以直接操作这些数据。数据库管理系统对数据的完整性、唯一性和安全性提供一套有效的管理手段，使数据具有充分的共享性。数据库管理系统还提供管理数据的各种命令和程序设计功能，使用户可以方便地管理数据。同时，数据库管理系统还具有速度快、精确度高、灵活性强、使用方便等优点。

5. 数据库应用系统

数据库应用系统是程序员根据用户的需要,在数据库管理系统的支持下开发,并能够在数据库管理系统支持下运行的程序和数据库的总称,如财务管理系统、学生学籍管理系统、工资管理系统等。

6. 数据库系统

数据库系统(Data Base System,DBS)是指在计算机系统中引入数据库后的系统,通常由操作系统、数据库、数据库管理系统(及其开发工具)、数据库应用系统、数据库用户等组成。

在数据库系统中,数据库由数据库管理系统统一管理,数据的插入、修改和检索均要通过数据库管理系统进行。数据管理员负责创建、监控和维护整个数据库,使数据能被任何有权使用的人有效使用。数据库管理员一般由业务水平较高、资历较深的人员担任。

数据库系统的组成如图 1.1 所示。

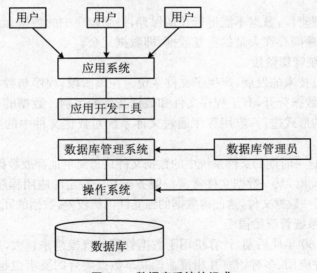

图 1.1　数据库系统的组成

1.1.2　数据管理技术的发展

数据管理技术是对数据进行分类、组织、编码、存储、检索、维护的技术。数据管理技术的发展大致经过了三个阶段:人工管理阶段、文件系统管理阶段、数据库系统管理阶段。

1. 人工管理阶段

在 20 世纪 50 年代中期前，计算机主要用于科学计算。当时的硬件设备中没有磁盘这类可以随机访问、直接存取的设备，也没有专门管理数据的软件，数据由计算或处理数据的程序自行携带，所以数据管理任务由人工完成。

这样一来，数据与程序不具有独立性，一组数据对应一组程序，它们之间的对应关系如图 1.2 所示。

图 1.2　数据与程序之间的对应关系

在人工管理阶段，数据不能进行长期保存，一个程序中的数据无法被其他程序利用，程序与程序间存在大量的重复数据，即数据冗余。

2. 文件系统管理阶段

随着计算机技术的发展，产生了文件系统。在该阶段，程序与数据有了一定的独立性，程序和数据分开，有了程序文件和数据文件的区别。数据的存放和管理都是以数据文件的形式进行，应用程序通过文件系统对数据文件中的数据进行存取和加工。

但是，由于这一时期的文件系统中的数据文件只是简单地存放数据，数据之间没有有机地联系；同时，某一数据文件常常是服务于某一特定的应用程序，不同的应用程序很难共享同一数据文件，这使得数据的独立性仍然较差，数据的冗余度也较大。

3. 数据库系统管理阶段

到 20 世纪 60 年代后期，计算机用于数据管理的规模越来越大，应用也越来越广泛；同时，多种应用、多种语言互相覆盖地共享数据集合的要求也越来越强烈；在处理方式上，联机实时处理的要求变得更多，并开始提出和考虑分布处理。

在这种背景下，以文件系统作为数据管理手段已经不能满足用户的需求，于是为解决多用户、多应用共享数据的需求，使数据尽可能多地为应用服务，数据库技术便应运而生，出现了统一管理数据的专门软件系统——数据库管理系统。用数据库系统来管理数据比文件系统具有明显的优势。从文件系统到数据库系统，标志着数据管理技术的飞跃。

数据库管理系统也是以文件的方式存储数据的，但它并不是简单地存储数据，而是按照某种结构对数据进行存储,它实现了有组织地、动态地存储大量关联数据的目的,方便多用户访问。它与文件系统的重要区别是数据的充分共享和高度的独立性,不同的应用程序都可以直接操作这些数据,并且应用程序不随数据存储结构的改变而改变。另外,数据库管理系统可以为数据建立有机的联系,减少数据的冗余度。

1.1.3　数据库设计基础

计算机并不能直接处理现实世界中的具体事物。在数据库系统中,是通过数据模型对现实世界中客观事物及其联系进行数据描述的,也就是将现实世界中的具体事物的描述,转换成计算机能够处理的数据。数据模型不仅要表示存储了哪些数据,而且要用某种结构形式表示不同数据之间的联系。

1. 现实世界的数据化过程

将现实世界存在的客观事物进行数据化,要经历从现实世界到信息世界,再从信息世界到数据世界三个层次。

首先将现实世界中客观存在的事物及它们所具有的特性抽象为信息世界的实体和属性;然后使用实体联系(Entity Relationship,E-R)图表示实体、属性、实体之间的联系(即概念数据模型),最后再将 E-R 图转换为数据世界中的关系。其转化过程如图 1.3 所示。

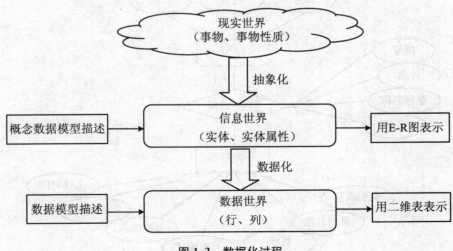

图 1.3　数据化过程

2. 概念数据模型

(1) 实体与属性

现实世界中客观存在的并可相互区别的事物或概念称为实体。实体可以是具体的人、事、物,也可以是抽象的概念或联系。例如,学生、课程、一台计算机都是实体。

实体所具有的特性称为属性。例如,学生实体具有学号、姓名、性别、年龄等属性。每个实体都有自己的一组属性值,如:("20121101","李红","女","20"),不同的实体可以根据各自不同的属性值来区分。

（2）实体标识符

能够唯一标识每个实体的属性或属性集称为实体标识符。例如,学生的学号可以作为学生的实体标识符。

（3）联系类型

实体不是孤立的,实体与实体之间有着相互的联系。实体间的联系可分为一对一联系、一对多联系和多对多联系三种。

例如,在学生信息管理系统中,系部实体和学生实体间的联系类型为一对多的联系,因为一个学生只能属于一个系部,而一个系部里可以有许多学生。

实体间的联系可以用实体联系图来描述。

（4）实体联系图

通常使用 E-R 图描述现实世界的信息结构。

图 1.4 为学生选课系统中学生实体与课程实体间的 E-R 图。

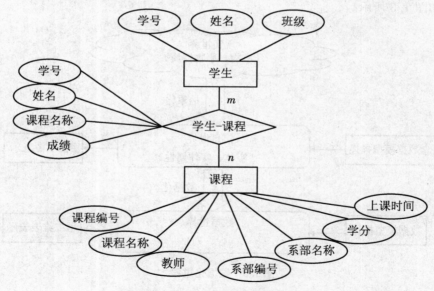

图 1.4　学生选课系统 E-R 图

在 E-R 图中,矩形表示实体,菱形框表示实体之间的联系,椭圆表示实体和联系所具有的属性,用线连接实体与实体所具有的属性、联系与联系所具有的属性以及实体与联系。

在图 1.4 所示的 E-R 图中,学生选修的课程可以有多门,每门课程都有多个学生上课,所以学生和课程的联系是多对多的联系,用 $m:n$ 表示,联系的名称为学生-课程,它具有学号、课程名称、成绩等属性。

3. 关系模型

E-R 图的描述是对现实世界的数据描述,但它并不能在计算机系统中实现,必须将 E-R 图转换为数据管理系统能支持的数据模型。

常见的数据模型有层次模型、网状模型和关系模型三种,目前广泛使用的是关系模型。Access 数据库就是关系模型数据库。

(1) 关系模型的概念

关系模型是通过二维表来表示实体以及实体之间的联系的。每个二维表又可称为一个关系,关系中的行称为记录,关系中的列称为属性(或字段)。每个二维表都有一个名字。

并不是所有的二维表都能称为关系,关系是一个具有以下特点的二维表:

① 表格中的每一列都是不可再分的基本数据项;

② 每列具有唯一的名称并且数据类型一致;

③ 行的顺序任意;

④ 列的顺序任意;

⑤ 关系中不能存在完全相同的两行。

(2) 将 E-R 图转换为关系模型

用 E-R 图转换为关系模型的方法:将一个实体或实体间的联系转换为表,将实体的属性或联系的属性转换为表的属性(也就是表的列),实体标识符作为表的主关键字。表中的主关键字可以是表中属性或属性的组合,它可以唯一标识表中的每一行,它的值必须是唯一的,并且不能为空。

例如,将图 1.4 所示的学生选课系统的 E-R 图转换为关系模型。

可以将学生实体、课程实体、学生-课程联系分别转换为学生信息表(表1.1)、课程表(表 1.2)、学生选课表(表 1.3)。

表 1.1 中,将 E-R 图中学生实体的学号、姓名、班级属性转换成表(关系)中的列,在该表中可将学号作为该表的主关键字,因为学号能唯一标识表中的每一行。

表 1.1 学生信息表

学号	姓名	班级
20120201	李红	电子商务 12(2)
20120101	王晓敏	电子商务 12(1)
...	...	...

表 1.2 中,将 E-R 图中课程实体的课程编号、课程名称、学分、系部编号、系部名称、上课时间等属性转换为表中的列,在该表中可将课程编号作为该表的主关键字,因为课程编号能唯一标识课程表中的每一行。

表 1.2　课程表

课程编号	课程名称	学分	系部编号	系部名称	上课时间
001	数据库应用技术	2	01	计算机系	周二 7~8 节
002	办公自动化	2	01	计算机系	周三 7~8 节
…	…	…	…	…	…

表 1.3 中,将 E-R 图中学生–课程联系的学号、姓名、课程名称、成绩属性转换为表中的列,该表中主关键字为(学号,课程名称),即学号与课程名称组合为关键字。因为它们组合在一起才能唯一标识表中的每一行。

表 1.3　学生选课表

学号	姓名	课程名称	成绩
20120201	李红	数据库应用技术	
20120101	王晓敏	数据库应用技术	
…	…	…	
20120612	李红	办公自动化	

4. 关系规范化

在关系型数据库的设计过程中,关系设计的不规范会出现存储异常、数据冗余(即重复)、数据不完整以及存储效率不高的情况。

在前面根据 E-R 图转换得到的表 1.1、表 1.2、表 1.3 都满足关系模型的几个特点,它们都是关系,但仔细研究这几张表,会发现存在一些问题:

① 数据冗余:课程名称、姓名在多张表中重复出现,出现数据冗余(重复)。

② 数据可能会不一致:课程名称、姓名在多张表中重复出现,容易出现数据不一致的情况。如输入的课程名称不规范,有时候输入全称,有时候输入简称。另外,在修改数据的时候,可能会出现遗漏的情况,造成数据不一致。

③ 数据维护困难:数据在多个表中重复出现,造成对数据库的维护困难。例如,某门课程的名称需要修改,则需要在课程表和学生选课表这两个表中都更改,才能保证数据的一致性。数据维护工作量大。

因此,在关系型数据库中设计关系时,要满足一定的规范化要求,满足不同程度要求的为不同的范式。满足最低要求的为第一范式,简称 1NF。在第一范式的基础上,进一步满足一些要求的为第二范式,简称 2NF。当然,还可进一步规范到第三范式,简称 3NF。范式按照规范化的级别分为五种:第一范式、第二范式、第三范式、第四范式、第五范式。在实际的数据库设计过程中,通常需要用到前三类范式。

（1）第一范式

第一范式是最基本的范式。在任何一个关系数据库中,第一范式是对关系的基本要求,不满足第一范式的数据库就不是关系数据库。

如果关系的每个属性都是不可再分的基本数据项,则该关系是第一范式。按照这个条件,我们可以看到表 1.1、表 1.2、表 1.3 是第一范式。而表 1.4 则不满足条件,在该表中出现了多值的数据项。

表 1.4　多值数据项的非规范化表格

工号	姓名	性别	部门	职务
10001	许红	女	技术部	技术部经理
20001	王晓飞	男	质检部	质检部工程师 质检部经理

（多值数据项）

将表 1.4 转换为规范化关系,如表 1.5 所示。

表 1.5　规范化关系

工号	姓名	性别	部门	职务
10001	许红	女	技术部	技术部经理
20001	王晓飞	男	质检部	质检部工程师
20001	王晓飞	男	质检部	质检部经理

但在第一范式的关系中也存在数据冗余、数据不一致和维护困难等缺点,所以要进一步采用第二范式、第三范式进行规范。

（2）第二范式

第二范式是在第一范式的基础上建立起来的,即满足第二范式必须先满足第一范式。

第二范式要求关系中的属性应完全函数依赖于主关键字。

如何理解第二范式,我们先来观察表 1.2 中的数据。

在该表中,课程编号是主关键字。可以说,课程名称完全由课程编号决定,对于每一个课程编号,就会有一个且只有一个课程名称与它对应,此时称课程名称完全函数依赖于课程编号,也记作课程编号→课程名称(即课程编号决定了课程名称)。表中的其他属性,如学分、系部编号、系部名称、上课时间也完全函数依赖于课程编号。

在表 1.3 中,主关键字为学号与课程名称的组合,记作(学号,课程名称)。当给出学号与课程名称时,就能唯一地确定学生选修课的成绩,因此成绩既依赖学号,又依赖课程名称,因此,成绩属性也完全函数依赖于主关键字(学号,课程名称)。但对于姓名属性,我们只要给主关键字中的学号,就能唯一地确定学生的姓名了,它与主关键字中的课程名称无关,因此姓名属性只部分函数依赖于主关键字(学号,课程名称),

一般来说,单个属性作为主关键字的情况比较简单,因为主关键字的作用就是能唯一标识表中的每一行,关系中的属性都能完全函数依赖于主关键字,所以这样的关系是第二范式。如表 1.2 就是第二范式关系。

对于组合属性作为主关键字的那些关系,通常要判断每一个属性是完全函数依赖还是部分函数依赖于主关键字。表 1.3 中的成绩属性完全函数依赖于主关键字(学号,课程名称),而姓名部分函数依赖于主关键字。所以表 1.3 不具有第二范式关系。

将非第二范式的关系规范为第二范式的方法:将仅部分函数依赖于主关键字的那个属性与主关键字中其依赖的那部分属性分离出来形成一个新的关系,再将原关系中的其余属性加上主关键字构成新的关系就可以了。

因此利用第二范式规范表 1.3,可将姓名属性与学号属性分离出来组成一个新的关系,如表 1.6 所示,但这个关系的属性在表 1.1 中已经存在了,因此这个关系就可以不要了。原关系中的其余属性加上主关键字构成表 1.7。因此,表 1.3 可规范为表 1.7。这样,表 1.7 就是第二范式的关系了。

表 1.6   学号-姓名表

学号	姓名
20120201	李红
20120101	王晓敏
…	…
20120612	李红

表 1.7   学生课程表

学号	课程名称	成绩
20120201	数据库应用技术	
20120101	数据库应用技术	
…	…	
20120612	办公自动化	

(3) 第三范式

要了解第三范式的内容,首先应了解函数传递依赖关系。我们先看表 1.8。

表 1.8　存在函数传递依赖关系的表

员工编号	级别	工资
0001	6	1200
0002	6	1200
0003	7	1500
0014	7	1500

从这个关系中，可以看到员工编号→级别，级别→工资，工资通过级别依赖于员工编号，我们称员工编号与工资之间存在函数传递依赖关系。

第三范式首先应该是第二范式，同时要求关系中的任何一个非主属性都不函数传递依赖于主关键字，则此关系是第三范式。

如果在关系中存在函数传递依赖关系，则应消除函数传递依赖关系。

要消除表 1.8 中的函数传递依赖关系，可将该表分离成表 1.9 和表 1.10。

表 1.9

员工编号	级别
0001	6
0002	6
0003	7
001	7

表 1.10

级别	工资
6	1200
6	1200
7	1500
7	1500

在表 1.2 所示的课程表中，也存在着函数传递依赖关系，课程编号→系部编号，系部编号→系部名称，因此应消除其中的函数传递依赖关系，规范为第三范式。故把表 1.2 分离成表 1.11 和表 1.12。

表 1.11　系部表

系部编号	系部名称
01	计算机系
01	计算机系
...	...

表 1.12　　课程表

课程编号	课程名称	学分	系部编号	上课时间
001	数据库应用技术	2	01	周二 7～8 节
002	办公自动化	2	01	周三 7～8 节
…	…	…	…	…

为保持各关系中数据一致性,对学生选课系统中的关系进行进一步的规范。

在学生课程表(表 1.7)与课程表(表 1.12)中都有课程名称属性,而在实际数据输入的过程中,常会出现两个表中同一课程名称输入不一致的现象。例如,在一张表中输入了"数据库应用技术",而在另一张表中输入了"数据库技术",而这两种课程名称实际上是同一门课程。为避免这种现象的发生,我们可以将表 1.7 的课程名称属性改为课程编号,再将表 1.12 的课程名称属性删除,同时增加一个课程编号-名称表,如表 1.13、表1.14、表 1.15 所示。在这三张表中,可以通过课程编号这个公共关键字进行联系。

表 1.13　　学生课程表

学号	课程编号	成绩
20120201	001	
20120101	001	
…	…	
20120612	002	

表 1.14　　课程表

课程编号	学分	系部编号	上课时间
001	2	01	周二 7～8 节
002	2	01	周三 7～8 节
…	…	…	…

表 1.15　　课程编号-名称表

课程编号	课程名称
001	数据库应用技术
002	办公自动化
…	…

第三范式的表数据基本独立,表和表之间通过公共关键字进行联系,它从根本上消除了数据冗余、数据不一致的问题。

5. 数据完整性

数据的完整性是指数据库中数据的正确性和一致性。如一个人的年龄为 300 岁这样的数据,其完整性就受到了破坏。数据的完整性由各种各样的完整性约束来保证,所以数据库完整性设计就是数据库完整性约束的设计。

数据库完整性约束可以通过数据库管理系统或应用程序来实现,基于数据库管理系统的完整性约束作为模式的一部分存入数据库中。

数据的完整性分为表完整性、列完整性和参照完整性。

(1) 表完整性

表完整性也称为实体完整性。所谓表完整性,是指表中必须只有一个主关键字,且主键值不能为空。

例如,表 1.15 中的课程编号为主关键字,它的值不允许为空并且要求唯一,从而保证课程表的完整性。

(2) 列完整性

列完整性也称为用户定义完整性。列完整性是指表中任一列的数据类型必须符合用户的定义,或者数据必须在规定的有效范围之内。

例如,表 1.15 中定义了课程编号属性的长度为 3,数据类型为字符型。如果输入"0001"(长度为 4),则该数据不符合课程编号的定义,说明课程编号列完整性遭到了破坏。

又如,表 1.13 中若已定义成绩属性的有效范围为 0～100,如果输入 152,则破坏了成绩属性的列完整性。

(3) 参照完整性

在介绍参照完整性之前,我们整理一下关于关键字的一些概念。

关键字:用来唯一标识表中每一行的属性或属性组合,如表 1.15 中,课程编号与课程名称都可用来作为关键字,它们也称为候选关键字。

候选关键字:那些可以用来作为关键字的属性或属性组合。

主关键字:候选关键字中选中的一个关键字称为主关键字。在一个表中只能指定一个主关键字,它的值必须是唯一的,并且不允许为空值。通常情况下,选择属性值较短的那个属性作为主关键字,因此表 1.15 中的两个候选关键字课程编号与课程名称中选择课程编号作为主关键字。

公共关键字:连接两个表的公共属性。如在表 1.13、表 1.14、表 1.15 中通过课程编号这个公共关键字进行联系。

外关键字:通常,联系两个表的公共关键字在一个表中是主关键字,在另一个表中则被称为外关键字。例如,在表 1.13 和表 1.15 中,依靠公共关键字课程编号进行联系,课程编号是表 1.15 的主关键字,是表 1.13 的外关键字。

通常,将另一个关系的外关键字作为主关键字所在的表称为主表(也称为父表),外关键字所在的表称为从表(也称为子表)。

参照完整性也称为引用完整性。它指外关键字的值进行插入或修改时一定要参照主关键字的值是否存在;对主关键字的值进行修改或删除时,也必须要参照外关键字的值是否存在。这样才能使得通过公共关键字连接的两个表保证参照完整性,并保证两个表的主关键字、外关键字数据一致。

例如,在表 1.13 与表 1.15 中,两表通过课程编号建立联系,如果在表 1.15 中将"002,办公自动化"那条记录删除,则对于表 1.13 而言,就失去了课程编号"002"的参照数据,也就破坏了数据的参照完整性。

在 Access 中,采用了一系列的技术来保证数据的完整性。例如,定义数据类型、定义主关键字、设置某一属性的默认值等等。

6. 数据库设计的步骤

数据设计是一个过程,它包含有许多步骤。简单来说,包括以下这些步骤:

① 确定数据库的用途,为后续的工作做好准备。

② 查找和组织所需的信息。收集可能希望在数据库中记录的各种信息。

③ 将信息项划分到表中。将信息项划分到主要的实体中,每个实体构成一张表。

④ 将信息项转换为列。确定在每个表中存储哪些信息(即实体的哪些属性),每个属性成为一个字段,作为表中的一列。

⑤ 指定主关键字。选择每个表的主关键字。

⑥ 建立表之间的关系。查看每个表,确定各个表中的数据如何彼此联系。

⑦ 优化设计。分析设计中是否存在错误,根据需要对设计进行调整。

⑧ 应用规范化规则。应用数据规范化规则,以确定表的结构是否正确,根据需要对表进行调整。

1.2　认识 Access 2007

1.2.1　了解 Access 数据库

1. Access 数据库概述

Access 是 Microsoft 公司推出的面向办公自动化、功能强大的桌面数据管理系统,是 Office 系列办公软件之一,主要适用于中小型应用系统或作为客户机/服务器系统中的客户端数据库。因其界面友好、易学易用、开发简单、接口灵活以及无需深厚的数据库知识就可以灵活地操作数据库,所以很受数据库初学者的欢迎。其具有以下一些主要特点:

(1) 可完善地管理各种数据库对象,具有强大的数据组织、用户管理、安全检查等功能。

(2) 具有强大的数据处理功能。在一个工作组级别的网络环境中,使用Access 开发的多用户数据库管理系统具有传统的 xBase 数据库系统所无法实现的客户服务器(Client/Server)结构和相应的数据库安全机制,同时,Access 具备许多先进的大型数据库管理系统所具备的特征,如事务处理/出错回滚能力等。

(3) 可以方便地生成各种数据对象,利用存储的数据建立窗体和报表,可视性好。

(4) 作为 Office 套件的一部分,可以与 Office 集成,实现无缝连接。

(5) 能够利用 Web 检索和发布数据,实现与互联网的连接。

2. Access 2007 的用途

Access 2007 数据库的用途非常广泛。它不仅可以用在中小型企业或大型公司中管理大型的数据库,也可以作为个人的 RDBMS(关系数据库管理系统)来使用。

(1) 小型企业中的数据库

在一个小型企事业单位中,可以使用 Access 2007 简单而又强大的功能来管理运行业务所需要的数据。

(2) 大型公司中的数据库

Access 2007 在公司环境下的重要功能之一就是能够链接工作站、数据库服务器或者主机上的各种数据库格式。

(3) 大型数据库解析

在大型公司中,Access 2007 的特点适合于创建客户机/服务器应用程序的工作站部分。

(4) 个人的 RDBMS

Access 2007 是家用计算机中管理个人信息的出色工具。可以使用它来创建一个包含所有家庭成员的姓名、电子邮件、爱好、生日、健康状况等信息的数据库。

1.2.2　Access 2007 的数据库对象

Access 2007 是一种关系型数据库,它的数据库由一系列表组成,表又由一系列行和列组成,每一行是一个记录,每一列是一个字段,每个字段在表中有唯一的字段名,表和表之间可以通过关系连接建立联系,以便进行信息的综合查询。Access 2007 数据库以文件形式保存,文件的扩展名是. accdb。早期 Access 格式创建的数据库的文件扩展名为. mdb。

Access 2007 数据库由六种对象组成,它们是表、查询、窗体、报表、宏和模块,分别用于实现对数据的保存、检索、显示和更新。

1. 表对象

表即关系,是基于关系数据模型的数据集合,是数据库的基本对象,是创建其他五种对象的基础。表由记录组成,记录由字段组成。表用来存储数据库的数据,所以又被称为数据表。

2. 查询对象

查询是 Access 2007 数据库的一个重要对象,它是 Access 2007 数据库处理和分析数据的工具,是在指定的(一个或多个)表中根据给定的条件从中筛选出所需要的信息,供使用者查看、更改和分析使用。查询的结果也可以作为数据库中其他对象的数据源。

3. 窗体对象

窗体对象用于建立基于 Access 数据库的应用程序界面,为用户提供浏览、输入及更改数据的窗口。

4. 报表对象

报表的功能是将数据库中的数据分类汇总,然后打印出来,以便分析。报表对象允许用户不用编程,仅通过可视化的直观操作就可以设计报表打印格式。报表可用来汇总和显示表中的数据。报表可在任何时候运行,而且将始终反映数据库中的当前数据。通常将报表的格式设置为适合打印的格式,但是报表也可以在屏幕进行查看、导出到其他程序或以电子邮件的形式发送。

5. 宏对象

宏是一个或多个命令的集合,其中每个命令都可以实现特定的功能,通过将这些命令组合起来,可以自动完成某些重复繁琐的操作。例如,可以将一个宏附加到窗体上的某一命令按钮上,这样每次单击该按钮,所附加的宏就会运行了。

6. 模块对象

模块与宏一样,是用于向数据库中添加功能的对象,但模块定义的操作比宏更精细和复杂,用户可以根据自己的需要用宏语言(Visual Basic for Application,VBA)编写模块。

模块是声明、语句和过程的集合,可分为类模块和标准模块。类模块可附加到窗体或报表,而且通常包含一些特定于其附加到的窗体或报表的过程。标准模块包括与任何其他对象无关的常规过程。

Access 提供的这六种对象分工极为明确,从功能和彼此间的关系考虑,这六种对象可分为三个层次:第一层次是表和查询,它们是数据库的基本对象,用于在数据库中存储数据和查询数据;第二层次是窗体和报表,它们是直接面向用户的对象,用于数据的输入、输出和应用系统的驱动控制;第三层次是宏和模块,它们是代码类型的对象,用于通过组织宏操作或编写程序来完成复杂的数据库管理工作,并使得数据库管理工作自动化。

1.2.3　Access 2007 的工作界面

当用户安装完 Office 2007 系统之后,Access 2007 也将自动安装到系统之中,这时用户就可以正常启动与退出 Access 2007 了。

用户可以单击"开始"按钮,执行"程序"|"Microsoft Office"|"Microsoft Access 2007"命令,启动 Access 2007 组件。

在启动 Access 2007 后,将显示"开始使用 Microsoft Office Access"页,如图 1.5 所示。此时,用户可以通过"空白数据库"按钮创建一个新的空白数据库,也可以通过模板创建数据库或者打开最近的数据库。当然,在该窗口中还可以直接转到 Microsoft Office Online 网站以了解有关 Microsoft Office System 和 Access 2007 的详细信息。

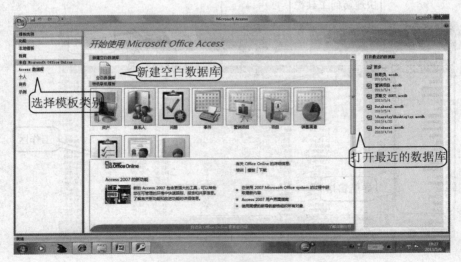

图 1.5　"开始使用 Microsoft Office Access"页

用户也可以通过单击"Microsoft Office"按钮,使用菜单打开或创建数据库,如图 1.6 所示。

当用户创建或打开数据库后,将进入如图 1.7 所示的 Access 2007 工作窗口。

该工作窗口主要由快速访问工具栏、功能区、导航窗格、选项卡式文档、工作区及状态栏等元素组成。

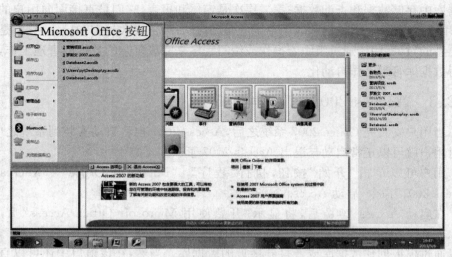

图 1.6 　使用菜单打开或创建数据库

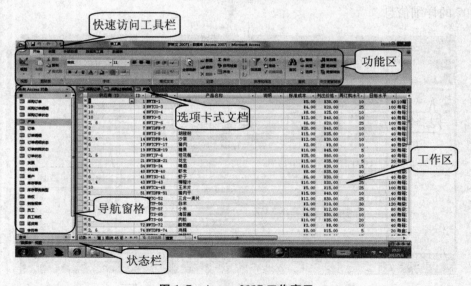

图 1.7 　Access 2007 工作窗口

1. 快速访问工具栏

显示在功能区上方的快速访问工具栏,包括"保存""撤消"等最常用的命令按钮,其中的命令按钮单击一次即可执行。

如果用户需要将一些常用的命令按钮添加到快速访问工具栏中,可打开快速访问工具栏右边的"自定义快速访问工具栏"下拉列表框,如图 1.8 所示,在其中选择需要添加到快速访问工具栏中的命令按钮即可。

图 1.8　"自定义快速访问工具栏"下拉列表

2. 功能区

在 Access 2007 中,用功能区取代了菜单和工具栏,提供了 Access 2007 中主要的命令界面。用户可以在功能区中进行绝大多数的数据库管理相关操作。功能区由一系列包含命令的选项卡组成。在 Access 2007 默认情况下,有四个主要的命令选项卡:"开始"选项卡、"创建"选项卡、"外部数据"选项卡和"数据库工具"选项卡,每个选项卡根据命令的作用又分为多个组,下面分别介绍每个选项卡的主要功能。

（1）"开始"选项卡

"开始"选项卡中包括视图、剪贴板、字体、格式文本、记录、排序和筛选、查找、中文简繁转换八个分组,用户可以在"开始"选项卡中对 Access 2007 进行诸如复制和粘贴数据、修改字体和字号、排序数据的操作,如图 1.9 所示。

图 1.9　"开始"选项卡

（2）"创建"选项卡

"创建"选项卡中包括表、窗体、报表、其他和特殊符号五个分组,"创建"选项卡中包含的命令主要用于创建 Access 2007 的各种对象,如图 1.10 所示。

图 1.10　"创建"选项卡

(3)"外部数据"选项卡

"外部数据"选项卡包括导入、导出、收集数据和 SharePoint 列表四个分组,"外部数据"选项卡中主要对 Access 2007 以外的数据进行相关处理,如图 1.11 所示。

图 1.11　"外部数据"选项卡

(4)"数据库工具"选项卡

"数据库工具"选项卡包括宏、显示/隐藏、分析、移动数据、数据库工具五个分组,主要针对 Access 2007 数据库进行比较高级的操作,如图 1.12 所示。

图 1.12　"数据库工具"选项卡

除了上面所介绍的几个选项卡以外,还有一些隐藏的命令选项卡在默认情况下没有显示出来。只有在进行特定操作时,相关的选项卡才会显示出来,例如,在执行创建表操作时,会自动打开"数据表"选项卡,如图 1.13 所示。

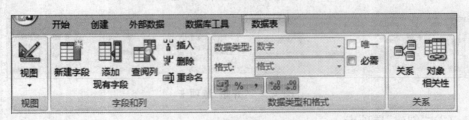

图 1.13　"数据表"选项卡

有时用户需要将更多的空间作为工作区,因此,功能区可以进行折叠,只保留一个命令选项卡,如图 1.14 所示。若要关闭功能区,可以双击活动的命令选项卡;若要打开功能区,则单击任一命令选项卡即可。

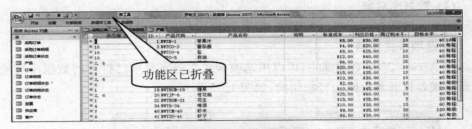

图 1.14　折叠功能区

3. 导航窗格

在 Access 2007 中打开新的或现有的数据库时,数据库的对象(表、窗体、报表、查询、宏等)将出现在导航窗格中,如图 1.15 所示。导航窗格是控制 Access 2007 数据库中各个对象的管理窗格,因此在 Access 2007 数据库操作中占有较重要的地位。

在导航窗格中,主要包括了菜单、百叶窗开/关按钮、组、数据库对象等控件。

(1) 菜单

菜单用于设置或更改导航窗格对数据库对象分组所依据的类别。单击菜单可以查看正在使用的类别,如图 1.16 所示。

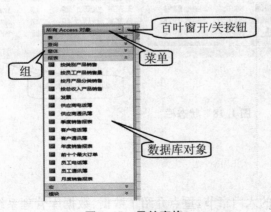

图 1.15　导航窗格

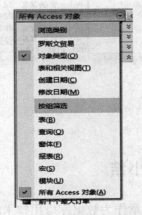

图 1.16　"导航窗格"的菜单

(2) 百叶窗开/关按钮

百叶窗开/关按钮用于展开或折叠导航窗格。如果需要更大的工作区,可以折叠起导航窗格。

（3）组

将数据库对象按组显示，根据在"菜单"中分组依据选择的不同，组名也会随之发生变化。若要展开或关闭组，可以单击向上按钮 ❖ 或向下按钮 ❖ 即可。

（4）数据库对象

所显示的数据库对象（表、窗体、报表、查询、宏等）的名称。

4. 选项卡式文档

在 Access 2007 数据库中，可以用选项卡式文档来显示已打开的数据库对象，从而实现各打开对象间的轻松切换，如图 1.17 所示。

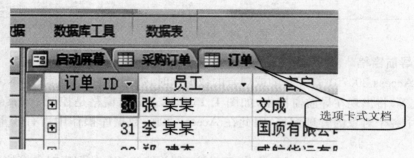

图 1.17　选项卡式文档

5. 状态栏

显示状态信息并可在各种视图间切换，如图 1.18 所示。

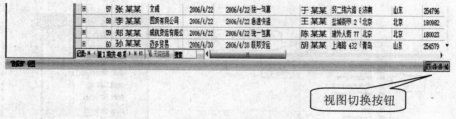

图 1.18　状态栏

本章小结

本章作为数据库应用技术的入门章节，重点介绍了数据、数据库管理系统和数据库系统的一些相关概念；详细介绍了数据模型中常用的概念以及数据模型的划分，对其中的关系数据模型进行了重点的阐述；简单介绍了数据库设计的基本原则和设计步骤以及 Access 2007 的特点、组成对象和用户工作界面。

通过本章的学习旨在为 Access 2007 的学习打下坚实的理论基础。当然，其中的一些概念与知识必须通过后续章节的学习才能得到进一步的理解和才验证。

习题

一、判断题

1. 数据库系统的核心是数据库。　　　　　　　　　　　　　　　　　（　　）
2. 在一个关系中,如果某个属性或属性组合能唯一地标识一行数据,就称其
   为主关键字。　　　　　　　　　　　　　　　　　　　　　　　　（　　）
3. 在关系型数据库中,二维表的行称为字段。　　　　　　　　　　　（　　）
4. 要求主关键字属性不能为空的完整性是参照完整性。　　　　　　　（　　）
5. 实体联系模型的 E-R 图都是唯一的。　　　　　　　　　　　　　（　　）
6. 在一个关系中,候选关键字可能有多个,而主关键字只能有一个。　（　　）
7. Access 2007 数据库文件的扩展名是 .mdb。　　　　　　　　　　（　　）
8. Access 2007 数据库是一种网数据库。　　　　　　　　　　　　　（　　）
9. 数据库系统中数据的一致性是指数据类型的一致性。　　　　　　　（　　）
10. 将 E-R 图转换到关系模型时,实体与联系都可以表示成关系。　　（　　）

二、选择题

1. 数据独立性是数据库技术的重要特点之一,所谓数据独立性是指(　　)。
   A. 数据与程序独立存放
   B. 不同的数据被放在不同的文件中
   C. 不同的数据只能被对应的应用程序所使用
   D. 以上三种说法都不正确
2. 表示二维表中行的数据库术语是(　　)。
   A. 数据表　　　　B. 记录　　　　C. 域　　　　D. 属性
3. 数据库管理系统主要的任务是(　　)。
   A. 生成报表　　　B. 信息检索　　C. 更新数据　　D. 以上都包括
4. 用二维表表示实体与实体之间联系的数据模型是(　　)。
   A. 实体联系模型　B. 网状模型　　C. 层次模型　　D. 关系模型
5. 在 E-R 图中,用(　　)表示实体,用(　　)表示联系,用(　　)表示属性,
   用(　　)来连接上述三种图框。
   A. 矩形框　　　　　B. 椭圆形框　　C. 菱形框　　　D. 直线
6. 在学生关系中删除了某个学生记录,那么成绩关系中的相关记录也必须删
   除,这属于(　　)规则。
   A. 表完整性　　　　　　　　B. 列完整性
   C. 参照完整性　　　　　　　D. 以上都不对

7. 在成绩关系中的成绩属性,限定其值应在 0~100 之间,这属于(　　　)规则。

　　A. 表完整性　　　　　　　　　　B. 列完整性

　　C. 参照完整性　　　　　　　　　D. 以上都不对

8. 在一个设计合理的关系型数据库中,以下哪种关系不应存在?(　　　)

　　A. 一对一　　　　B. 一对多　　　　C. 多对多　　　　D. 以上都不对

9. (　　　)不是 Access 2007 的数据库对象。

　　A. 页　　　　　　　B. 报表　　　　　C. 窗体　　　　　D. 表

三、简答题

1. 简述数据库、数据库系统和数据库管理系统的概念。

2. 简述现实世界事物及其特征数据化的过程。

3. 下表符合关系模型的规范化要求吗?如果不符合,对其进行规范化。

学号	姓名	班级	2012 学年成绩	
			第一学期	第二学期

4. 下表符合关系模型的规范化要求吗?如果不符合,对其进行规范化。

工号	姓名	性别	部门	职务
A001	王敏	男	采购部	采购部经理
B001	谢燕	女	技术部	技术部经理
B001	谢燕	女	技术部	技术部工程师

第 2 章　数据库和表的创建及维护

在 Access 数据库管理系统中，数据库是一个容器，存储数据库应用系统中的其他数据库对象，也就是说，构成数据库应用系统的其他对象都存储在数据库中。本章将向读者介绍创建和打开 Access 数据库、在导航窗格中自定义组、打开与搜索数据库对象、复制与删除数据库对象的方法。

2.1　创建和设置数据库

在 Access 中创建数据库有两种方法：一是使用模板创建数据库；二是使用"空白数据库"按钮创建数据库。

学习目标

- 创建数据库；
- 设置数据库。

能力目标

- 能够灵活使用两种方法创建数据库；
- 掌握打开数据库的方法；
- 懂得如何调用导航窗口。

任务一　使用模板创建数据库

任务描述

Access 提供了种类繁多的模板，使用它们可以加快数据库创建过程。模板是随即可用的数据库，其中包含执行特定任务时所需的所有表、窗体和报表。通过对模板的修改，可以使其符合自己的需要。

任务实现

（1）启动 Access 2007 应用程序，点击"本地模板"按钮，此时窗口的右侧变为"本地模板"栏，读者可以根据需求点击任意模板（本书以"联系人"模板为例），如

图 2.1 所示。

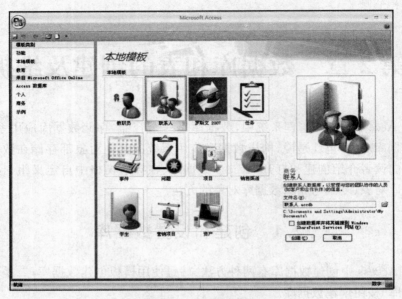

图 2.1　模板数据库

　　(2) 选中"联系人"模板,点击"创建"按钮,即可创建"联系人"数据库,如图2.2所示。

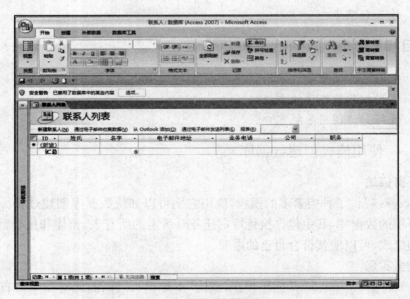

图 2.2　"联系人"数据库

任务二　使用"空白数据库"按钮创建数据库

任务描述

使用"空白数据库"按钮创建数据库,然后再添加表、窗体、报表等其他对象。这种方法较为灵活,但需要分别定义每个数据库元素。

任务实现

(1) 启动 Access 2007 应用程序,单击"新建空白数据库"栏下的"空白数据库"按钮,此时窗口右侧的"打开最近的数据库"栏变为"空白数据库"栏,如图 2.3 所示。

图 2.3　空白数据库

(2) 在图 2.1 所示的窗口中输入数据库的文件名(这里输入"shop. accdb"),"文件名"文本框下显示的是默认的存储路径,读者可以单击文本框后的 📁 按钮来选择新的存储路径,如图 2.4 所示。

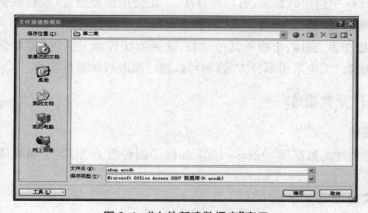

图 2.4　"文件新建数据库"窗口

（3）单击"确定"按钮，返回初始环境窗口，单击"创建"按钮，即可创建"shop"数据库，如图 2.5 所示。

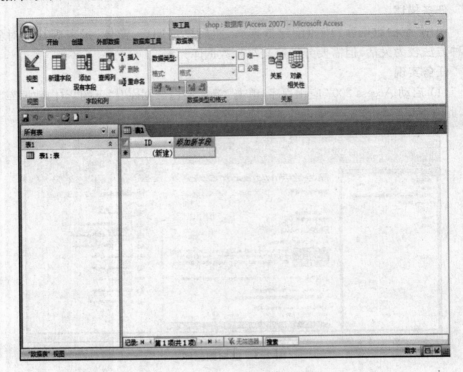

图 2.5　创建"shop"数据库

任务总结

在 Access 中创建数据库，有两种方法：一是使用模板创建，模板数据库可以原样使用，也可以对它们进行自定义，以便更好地满足需要；二是先建立一个空数据库，然后再添加表、窗体、报表等其他对象，这种方法较为灵活，但需要分别定义每个数据库元素。无论采用哪种方法，都可以随时修改或扩展数据库。

任务三　打开数据库

任务描述

对于已创建的数据库，Access 2007 提供了四种打开方式，下面具体描述如何打开数据库。

任务实现

（1）启动 Access 2007，点击 按钮中的"打开"，选择已创建的数据库根目录，如图 2.6 所示。

（2）选中已创建好的"shop"数据库，点击"打开"按钮旁边的小三角按钮，即可
选择数据库的打开方式。如图 2.7 所示。

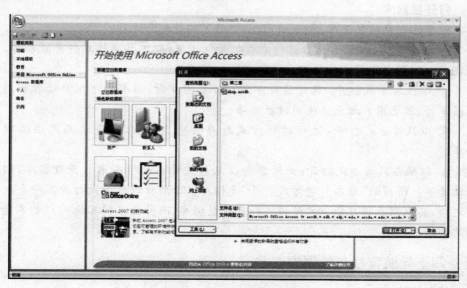

图 2.6　"shop"数据库根目录

图 2.7　选择"shop"数据库打开方式

相关知识

打开数据库

对于已创建的数据库,Access 2007 提供了四种打开方式:

① 以共享方式打开:选择这种方式打开数据库,即以共享模式打开数据库,允许在同一时间内能够有多位用户读取与写入数据库。

② 以独占方式打开:选择这种方式打开数据库时,当有一个用户读取和写入数据库时,其他用户都无法使用该数据库。

③ 以只读方式打开:选择这种方式打开数据库时,只能查看而无法编辑数据库。

④ 以独占只读方式打开:如果想要以只读且独占的模式来打开数据库,则选择该选项。所谓的"独占只读方式打开"是指在一个用户以此模式打开某一个数据库之后,其他用户将只能以只读模式打开此数据库,而并非限制其他用户都不能打开此数据库。

任务四　导航窗格与数据库对象

任务描述

Access 数据库的创建和管理,是通过对 Access 数据库对象的操作来实现的。导航窗格是 Access 文件的组织和命令中心,在导航窗格中可以创建和使用 Access 数据库对象。在默认情况下,当在 Access 2007 中打开数据库时,将出现导航窗格,该窗格替代了早期版本的 Access 所使用的数据库窗口。可以使用导航窗格管理数据库中的对象,如在导航窗格中打开数据库对象、修改数据库对象、使用搜索栏搜索数据库对象、重命名与删除数据库对象、复制与隐藏数据库对象等。

任务实现

(1) 打开"shop"数据库,如图 2.8 所示。

(2) 选中"导航窗格"中要操作的对象,如选中"订单表",单击鼠标右键,弹出快捷菜单,如图 2.9 所示。

(3) 在"快捷菜单"中,我们可以对选中的数据库对象做相应的操作,比如打开数据库对象、修改数据库对象、使用搜索栏搜索数据库对象、重命名与删除数据库对象、复制与隐藏数据库对象等。

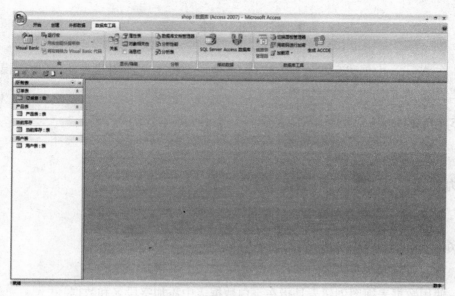

图 2.8　打开"shop"数据库

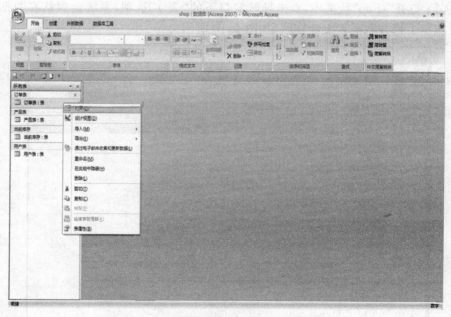

图 2.9　"导航窗格"中选中操作数据库对象

2.2　创　建　表

　　在 Access 中创建表有三种方法：一是使用数据表视图创建表；二是使用模板创建表；三是使用表设计器创建表。

学习目标

- 创建表。

能力目标

- 能够灵活使用三种方法创建表。

任务一　使用数据表视图创建表

任务描述

使用数据表视图创建表是指在空白数据表中添加字段名和数据。

任务实现

（1）打开"shop"数据库，双击导航窗口下的"表 1"选项，系统会默认在数据工作表视图下打开数据表设计视图，如图 2.10 所示。

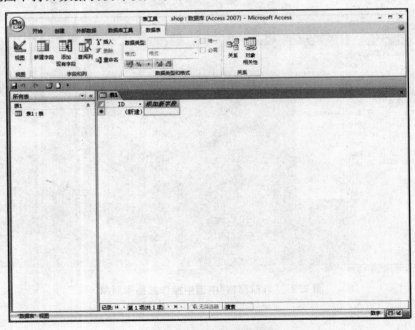

图 2.10　数据表设计视图

（2）在数据工作表视图中添加字段。双击"ID"字段，使"ID"字段处于可编辑状态，然后将其改为"商品 ID"，如图 2.11 所示。

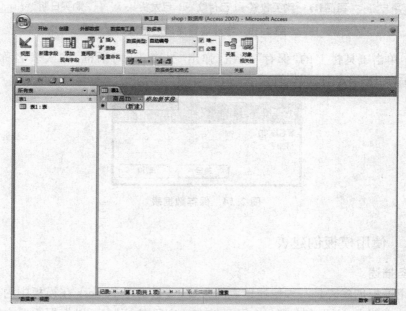

图 2.11　添加数据表字段

（3）单击"表工具"组中"数据类型"下拉列表按钮，选择"数字"，如图 2.12 所示。

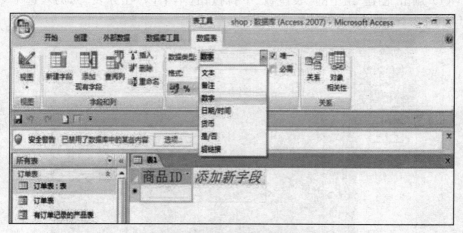

图 2.12　添加数据表字段数据类型

（4）按照同样的方法添加表中其他字段，结果如图 2.13 所示。

| 用户名 ▾ | 商品ID ▾ | 购买数量 ▾ | 已付款 ▾ | 已发货 ▾ | 购买日期 ▾ |

图 2.13　字段设置完成后结果

（5）单击工具栏上的"保存"按钮，弹出"另存为"对话框，输入表名称"订单表"，然后单击"确定"按钮保存该表，如图 2.14 所示。

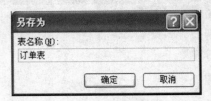

图 2.14　保存数据表

任务二　使用模板创建表

任务描述

使用模板创建表是一种快速建表的方式，这是由于 Access 在模板中内置了一些常见的示例表，这些表中都包含了足够多的字段名，用户可以根据需要在数据表中添加和删除字段。

任务实现

（1）点击"创建"组中的"表模板"下拉按钮（本书以"任务表"为例），选中"任务"，如图 2.15 所示。

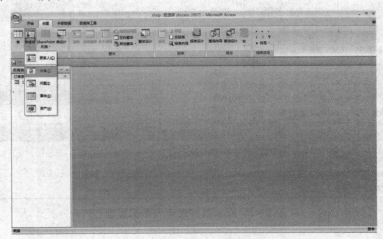

图 2.15　使用表模板创建表

（2）单击"任务"按钮，结果如图 2.16 所示。

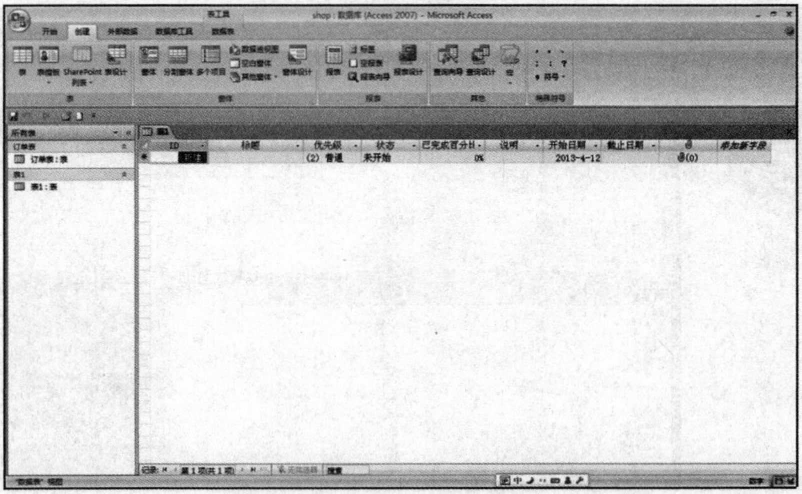

图 2.16 使用表模板创建"任务表"

（3）用户可以根据需要修改字段名以及字段类型。

（4）单击工具栏上的"保存"按钮，弹出"另存为"对话框，输入表名称"任务表"，然后单击"确定"按钮保存该表，如图 2.17 所示。

图 2.17 保存"任务表"

任务三 使用表设计器创建表

任务描述

表设计器是一种可视化工具，用于设计和编辑数据库中的表。该方法以表设计器所提供的设计视图为界面，引导用户通过人机交互的方式来完成对表的定义。利用表向导创建的数据表在修改时也需要使用表设计器。

任务实现

（1）点击"创建"组中的"表设计"，弹出设计视图（以"订单表"为例），如图 2.18 所示。

（2）设计字段并设置各字段类型。首先在"字段名称"中输入"用户名"，然后将鼠标移到"数据类型"栏,单击 按钮,选择"文本"类型,如图 2.19 所示。

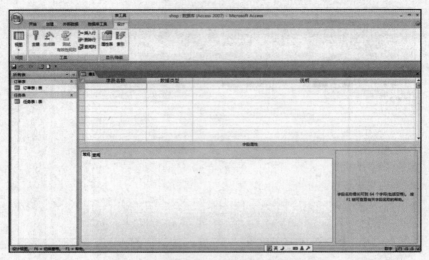

图 2.18　使用表设计器创建表

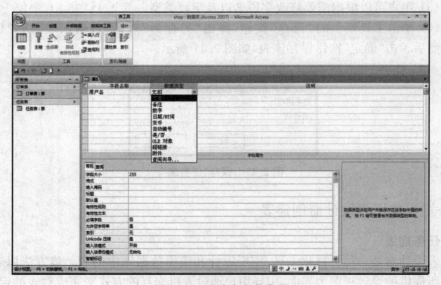

图 2.19　设计表字段类型

(3) 按照上述方式,依次为"订单表"创建"用户名""商品 ID""购买数量""已付款""已发货""购买日期"字段,同时选择相应的字段类型,并添加一些相应的字段说明,如图 2.20 所示。

(4) 单击工具栏上的"保存"按钮,保存订单表,如图 2.21 所示。

（5）双击"订单表"，即可录入"订单表"相应信息，如图 2.22 所示。

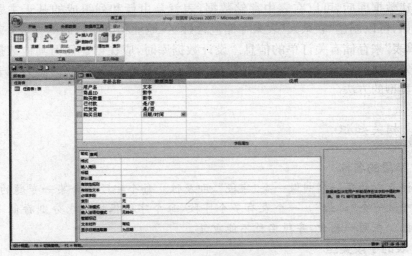

图 2.20　设计字段后结果

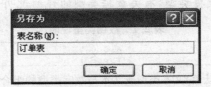

图 2.21　保存数据表

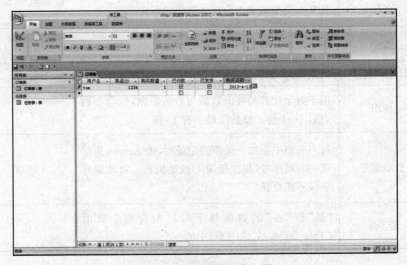

图 2.22　添加数据表记录

任务总结

创建数据库后,可以在表中存储数据,表就是由行和列组成的基于主题的列表。例如,可以创建"联系人"表来存储包含姓名、地址和电话号码的列表,或者创建"订单表"来存储有关订单的信息。设计数据库时,应在创建任何其他数据库对象之前先创建数据库的表。本节介绍了三种创建表的方法,以及编辑数据表和设置字段类型的方法。

　相关知识

1. 字段的名称

数据表中的每一列叫做一个"字段",即属性。每个字段包含某一专题的信息。每一行叫做一个"记录"。一个表有多个字段,每个字段根据需求分别存储不同类型的数据。在同一表中,字段名称不能重复。

2. 表的字段类型

Access 2007 中定义了 11 种数据类型。在表设计窗口"数据类型"单元格的下拉列表中显示了 11 种数据类型,有关数据类型的详细说明如表 2.1 所示。

表 2.1　数据类型说明

数据类型	意　义	大　小
文本	(默认值)文本类型或文本与数字类型的组合,与数字类型一样,都不需要计算,例如,姓名	最多为 255 个字符
备注	长文本类型或文本与数字类型的组合	最多为 65 535 个字符
数字	用于数学计算的数值数据	1,2,4 或者 8 字节
日期/时间	日期/时间数值的设定范围为 100~9 999 年	8 字节
货币	用于数学计算的货币数值与数值数据,包含小数点后 1~4 位。整数位最多有 15 位	8 字节
自动编号	每当向表中添加一条新的记录时,由 Access 指定唯一的顺序号(每次递增 1)或随机数。自动编号字段不能更新	4 字节
是/否	"是"和"否"的数值与字段只包含两个数值(True/False 或 On/Off)中的一个	1 位

续表

数据类型	意　义	大　小
OLE 对象	连接或内嵌于 Access 数据表中的对象(可以是 Excel 电子表、Word 文件、图形、声音或其他二进制数据)	最多为 1 GB 字节(受可用磁盘空间限制)
超级链接	文本或文本和数字的组合,以文本形式存储并用作超级链接地址。超级链接地址最多包含下列部分: ① 显示的文本——在字段或控件中显示文本 ② 地址——进入文件或网络的路径 ③ 子地址——位于文件或网络的地址 ④ 屏幕显示——作为工具提示显示的文本	最多只能包含 2 048 个字符
附件	可以将多个文件存储在单个字段之中,也可以将多种类型的文件存储在单个字段之中	最多可以附加 2 GB 的数据,单个文件的大小不得超过 256 MB
查阅向导	创建字段,该字段将允许使用组合框来选择另一个表或一个列表中的值。从数据类型列表中选择此选项,将打开向导以进行定义	通常为 4 个字节

2.3　设置表的属性和格式

　　表作为最基本的数据库组成元素,是支撑数据库应用的重要元素。本节将进一步介绍表属性的设计方法,包括设置主键,设置索引和设置字段属性。

学习目标

- 设置主键;
- 设置索引;
- 设置字段属性。

能力目标

- 能够灵活设置表的属性和格式。

任务一　设置主键

任务描述

虽然 Access 并不要求在每一个表中都必须设置主键,但还是应该为每个表指定一个主键。因为可以用主键唯一地标识和组织表中的记录。

任务实现

下面以"订单表"为例设置主键。

(1) 首先打开"shop"数据库中的"订单表"的设计视图。

(2) 因为在"订单表"中对于表中的每一个产品单价都需要"商品 ID"这个字段才能将它唯一地确定,因此,我们将这个字段设置为主键,设置主键的方法有两种。

方法一:首先选中"商品 ID"字段,然后单击"表工具设计"选项卡中的"主键"按钮,如图 2.23 所示。

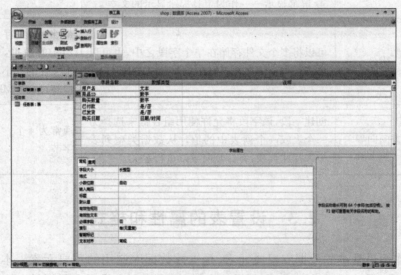

图 2.23　利用"表工具设计"选项卡设置主键

方法二:首先选中"商品 ID"字段,然后单击鼠标右键,在弹出的下拉菜单中选择"主键"选项,如图 2.24 所示。

 相关知识

设置主键

主键能唯一地标识和组织表中的记录,当一个字段被指定为主键之后,字段的"索引"属性会自动被设置为"有(无重复)",并且无法改变这种属性设置。在输入

数据或者对数据进行修改时,不能向主键字段输入相同的值,也不能将主键字段留为空白。利用主键还可以对记录快速地进行排序和查找。

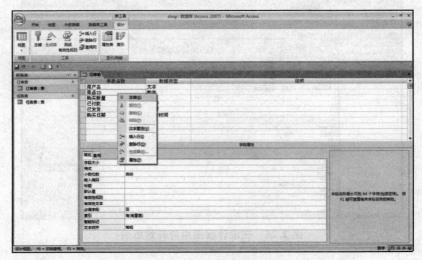

图 2.24　利用快捷菜单设置主键

在大多数情况下,主键都是单个字段。但是在某些情况下,单个字段的数据对于各条记录来说不是唯一的,只有两个或者多个字段作为主键才能唯一标识记录。遇到这种情况,我们只要按住"Ctrl"键,同时选中需要设置的多个字段,然后按照上述方法即可同时设置多个字段作为主键。

任务二　设置索引

任务描述

简单地说,索引就是搜索或排序的根据。也就是说,当为某一字段建立了索引,可以显著加快以该字段为依据的查找、排序和查询等操作。但是,并不是将所有字段都建立索引然后搜索的速度就会达到最快。这是因为,索引建立得越多,占用的内存空间就会越大,这样会减慢添加、删除和更新记录的速度。

任务实现

下面以"订单表"为例设置索引。

(1) 在"shop"数据库中,打开"订单表",如图 2.25 所示。

(2) 单击"表工具设计"选项卡中的"索引"按钮,弹出"索引"对话框。在"索引名称"处键入索引名称,可以使用字段名称或者其他合适的名称。在"字段名称"列中,单击向下的箭头,选择索引字段。在"排序次序"列中,选择该字段索引的排序次序。重复该步骤直到选择了应包含在索引中的所有字段(最多为 10 个),如

图 2.26所示。

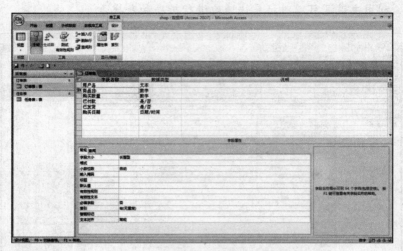

图 2.25　在设计视图中打开数据表

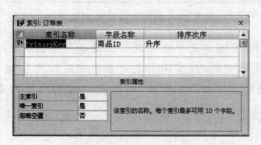

图 2.26　设置索引

设置索引

在数据表中创建索引时首先要决定对哪个(哪些)字段建立索引。在大多数情况下,应该对经常搜索的字段、排序字段或者查询中连接到其他表中的字段设置索引。

对于 Access 数据表中的字段,如果符合下列所有条件,建议对该字段设置索引。

① 字段的数据类型为文本型、数字型、货币型或日期/时间型;

② 常用于查询的字段;

③ 常用于排序的字段。

任务三　设置字段属性

任务描述

表中的每一个字段都有一系列的属性描述,字段的属性决定了如何存储、处理和显示该字段的数据。属性包括字段名、数据类型、说明以及其他特征,如字段大小、格式、标题和输入掩码等。

任务实现

下面以"订单表"为例设置字段属性。

设置字段属性,首先应在"shop"数据库中打开"订单表",如图 2.27 所示。

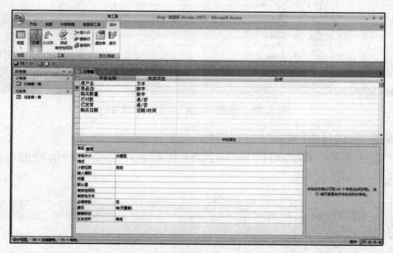

图 2.27　在设计视图中打开数据表

1. 设置"商品 ID"字段"字段大小"属性

选中"商品 ID"字段,对于一个"数字"型字段,可以从下拉列表中选择一种类型来决定该字段存储数字的类型,如图 2.28 所示。

设置"字段大小"属性

通过"字段大小"属性,可以确定一个字段使用的空间大小。它只适用于数据类型为"文本"或"数字"的字段。对于一个"文本"字段,其字段大小取值范围是0~255,默认值为255,可以在该属性框中输入在取值范围中的任何整数;对于一个"数字"型字段,可以从下拉列表中选择一种类型来决定该字段存储数字的类型。

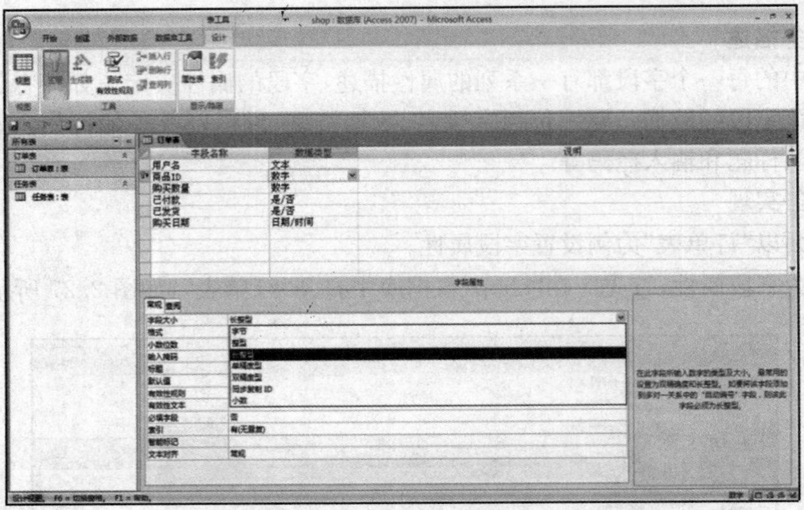

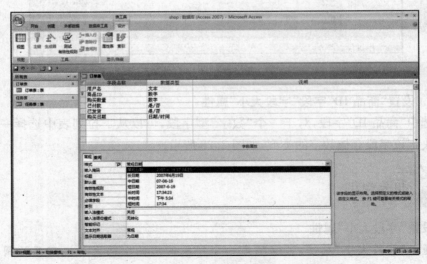

图 2.28　设置"数字"类型字段大小

2. 设置"购买日期"字段"格式"属性

选中"购买日期"字段,可以从"格式"下拉列表中选择一种所需的格式,如图 2.29 所示。

图 2.29　设置"格式"属性

设置"格式"属性

"格式"属性用来决定数据的打印方式和屏幕上的显示方式。从下拉列表中选择所需的格式。例如,对于"数字"型字段,可以选择一般数字(1 234.567)、货币(￥1 234.57)、整数(1 234)、标准(1 234.57)、百分比(456.00%)和科学计法(1.23E+03)等格式;对于"日期/时间"型的字段,可以选择如图 2.29 中下拉列表框中的格式。利用格式可以使数据在显示时显得统一美观。

3. 设置"购买日期"字段"有效性规则""有效性文本"属性

(1) 选中"购买日期"字段,点击"有效性规则"中█按钮,弹出一个"表达式生成器"对话框,如图 2.30 所示。

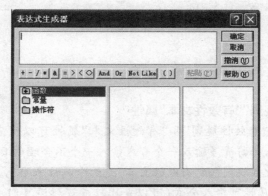

图 2.30　表达式生成器

(2) 利用"表达式生成器"建立一个表达式,将"购买日期"的"有效性规则"设置为"当前日期",如图 2.31 所示。

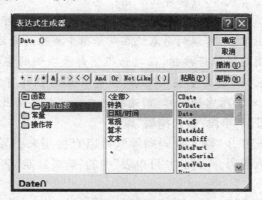

图 2.31　建立表达式

（3）点击"确定"按钮，返回"有效性规则"属性设置，如图 2.32 所示。

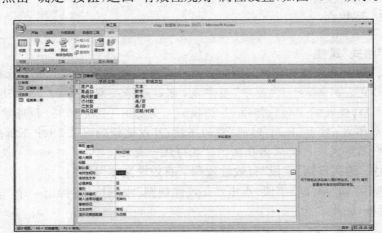

图 2.32　设置完成后结果

 相关知识

设置"有效性规则""有效性文本"属性

Access 提供的"有效性规则"和"有效性文本"属性可以用来防止非法的数据输入到表中。例如，将薪资多输入一个 0 或输入一个不合理的日期。事实上，这些错误可以利用"有效性规则"和"有效性文本"这两个属性来避免。

"有效性规则"属性可输入公式（可以是比较或逻辑运算组成的表达式），用在将来输入数据时对该字段上的数据进行查核工作，如查核是否输入数据、数据是否超过范围等；"有效性文本"属性可以输入一些要通知使用者的提示信息，当输入的数据有错误或不符合公式时，自动弹出提示信息。

"表达式生成器"用来建立一个表达式。"表达式生成器"可以直接将表达式输入到对话框的文本框中，也可以利用系统在对话框中提供的资源建立表达式，中间部分提供了一些常用的操作符按钮，在对话框下部最左侧的窗口中列出了系统函数、常量和操作符集。单击其中某项之后，便会在最右侧的窗口中出现具体的函数、常量和操作符。双击所需的内容，则选取的内容就会自动出现在文本框中。

4. 设置"购买日期"字段"输入掩码"属性

Access 为用户提供了"输入掩码向导"，可以直接用来引导设置一个"输入掩码"，而不用人工输入代码。下面为"订单表"中的"购买日期"字段设置"输入掩码"属性。

（1）选择"购买日期"字段，在"字段属性"栏中将鼠标定位在"输入掩码"属性框中,如图 2.33 所示。

图 2.33 设置"输入掩码"属性

(2) 单击"输入掩码"属性框右端的 **…** 按钮,也可以在属性框中单击鼠标右键,从弹出的快捷菜单中选择"生成器"命令。系统会出现提示窗口让用户保存表设计,单击"是"按钮确定,如图 2.34 所示。

图 2.34 提示用户保存表设计

(3) 在"输入掩码向导"对话框的"输入掩码"列表中,可以从系统提供的几种输入掩码设置中选取一种,如图 2.35 所示。

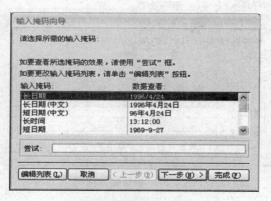

图 2.35 输入掩码向导

（4）如果系统的设置不能满足要求，可以单击"编辑列表"按钮，对列表中的示例进行编辑以修改系统的设置或添加输入掩码示例，所进行的编辑将被保存，并将向导中的输入掩码示例设置替换。这里选择"长日期"，然后在"尝试"文本框中验证输入掩码，符合要求之后，单击"下一步"按钮，如图 2.36 所示。

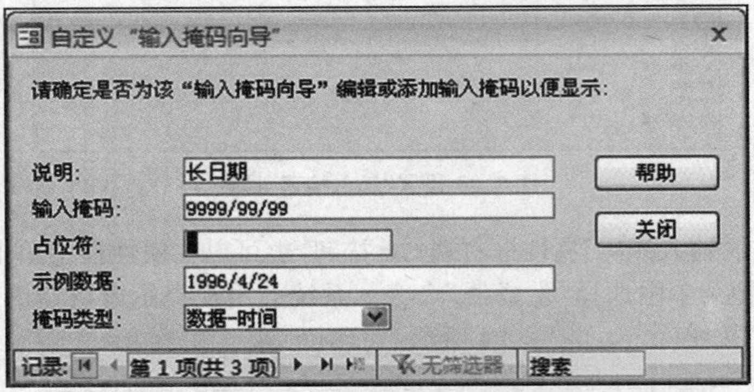

图 2.36　自定义"输入掩码向导"

（5）可以在第一个输入框中对选取的输入掩码再进行一些改动（不过此处的编辑不会对"输入掩码向导"的示例产生改变，只会影响该字段的输入格式）。在中间的下拉式列表中，可以选择输入使用的占位符（如 ＊、♯、＄ 等符号），系统默认占位符是在输入字符的位置显示下划线，用户也可以定义一个单一符号作为自己的占位符，如图 2.37 所示。

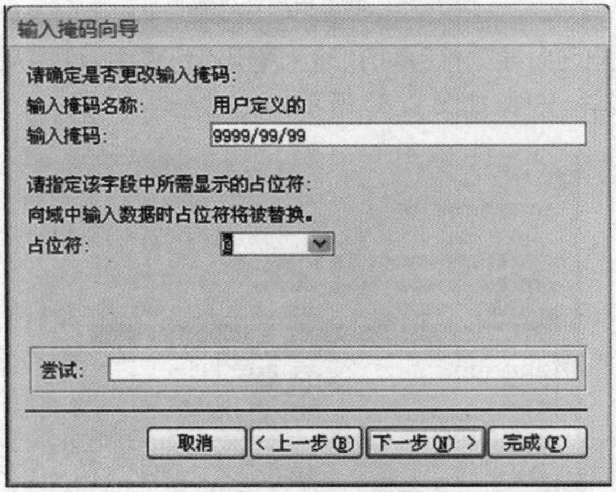

图 2.37　修改输入掩码

（6）设置完成后单击"下一步"按钮，即完成"输入掩码"的设置，如图 2.38

所示。

图 2.38　完成输入掩码设置

（7）单击"完成"按钮完成向导，同时生成输入掩码，并添加到"输入掩码"的属
性框中，如图 2.39 所示。

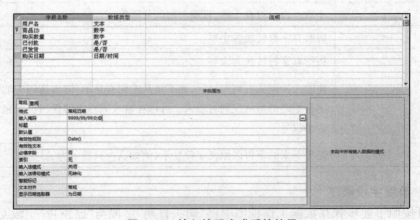

图 2.39　输入掩码完成后的结果

 相关知识

设置"输入掩码"属性

"输入掩码"属性用于设置字段、文本框以及组合框中的数据格式，并可对允
许输入的数值类型进行控制。要设置字段的"输入掩码"属性，可以使用 Access
自带的"输入掩码向导"来完成。"输入掩码"属性所使用的字符定义如表 2.2
所示。

表 2.2　"输入掩码"属性所使用字符的定义

字符	功能及说明
0	必须添入数字(0～9)
9	可以选择添入数字或者空格
♯	可以选择添入数字或空格(在"编辑"模式下空格以空白显示,但是在保存数据时将空白删除;允许添入加号和减号)
L	必须添入字母(A～Z)
?	可以添入字母(A～Z)
A	必须添入字母或数字
a	可以选择添入字母或数字
&	必须添入任何一个字符或一个空格
C	可以选择添入任何一个字符或一个空格
. : ; — /	小数点占位符及千位、日期与时间分隔符
<	将所有字符转换为小写
>	将所有字符转换为大写
!	使输入掩码从右到左显示,而不是从左到右显示,键入掩码中的字符始终都是从左到右填入。可以在输入掩码中的任何位置包含感叹号
\	使接下来的字符以原义字符显示(例如,\A 只显示为 A)

5. 改变字段顺序

可按照下述步骤在数据工作视图中将"购买日期"字段与"已发货"字段互换。

(1) 将光标定位在"购买日期"字段列的字段名上,如图 2.40 所示。

(2) 单击选择列并按住鼠标左键,"购买日期"字段列中的数据记录会高亮显示,如图 2.41 所示。

(3) 拖动鼠标的光标至"已付款"字段后,会发现此处的分割线变粗,如图 2.42 所示。

(4) 释放鼠标,则"购买日期"字段就会移动到"已发货"字段之后,就实现了"购买日期"字段的位置放到"已付款"字段之后,如图 2.43 所示。

6. 改变字段名称

在数据工作视图中可以对字段列的名称加以改变,而不是按照默认的设置将字段属性中的"标题"内容显示出来。操作方式是将光标移动到字段列的列选定器上,然后双击鼠标左键,字段列的名称就会处于编辑状态,可以根据查看数据的需要,将字段列的名称修改为所需的名称。

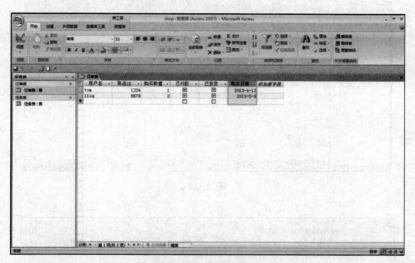

图 2.40　选定"购买日期"字段

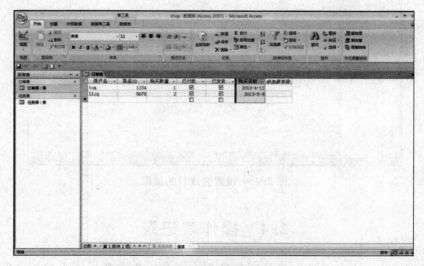

图 2.41　"购买日期"字段高亮显示

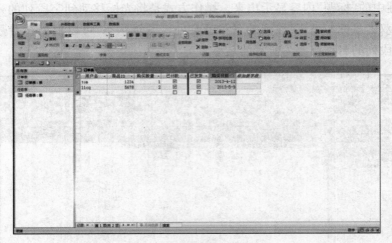

图 2.42

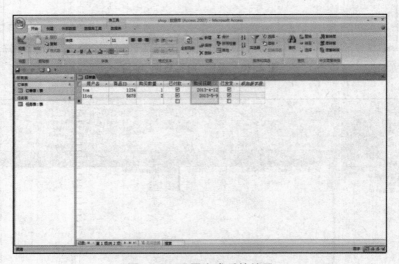

图 2.43　设置完成后的结果

2.4　操作表记录

　　数据工作表中包含着大量的原始数据。通常用户在数据库中使用这些数据时，需要使用一些快捷的方法来实现对数据的查找、替换、排序以及筛选的操作，否则，若对数据记录逐条进行查找和替换将是非常困难的。

学习目标

- 设置记录格式；
- 操作记录。

能力目标

- 能够灵活设置表记录；
- 熟练掌握新增、删除、保存和合计记录的方法；
- 熟练掌握查找、替换、排序和筛选记录的方法。

任务一　设置记录格式

任务描述

通常对数据记录进行设置都是围绕着字体格式、网格线、行高、列宽以及隐藏和取消隐藏列等进行设置。

任务实现

下面以"订单表"为例设置记录格式：

首先，打开"shop"数据库，在数据表视图中打开"订单表"，如图 2.44 所示。

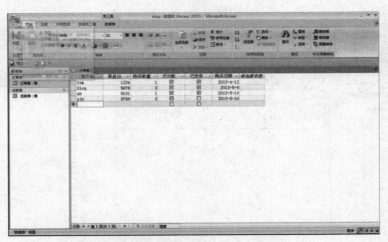

图 2.44　在数据表视图中打开"订单表"

1. 设置字体

（1）在"订单表"中，单击数据表视图中左上角的全部选定按钮，移动鼠标单击"字体"组中的"字体"框右侧的下三角按钮，打开"字体"列表，如图 2.45 所示。

（2）拖动列表右侧的滑块，查看系统提供的字体，每种字体的效果均通过其字体名称显示出来，选择"华文中宋"，表记录即显示出该字体的效果，如图 2.46 所示。

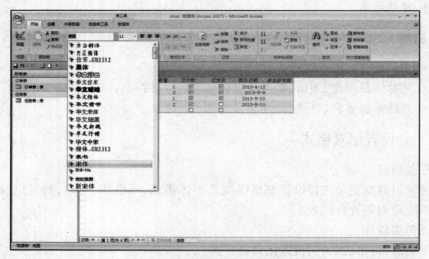

图 2.45　打开"字体"列表

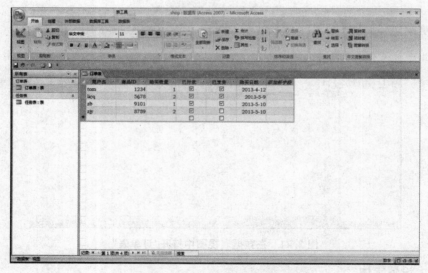

图 2.46　选中需要的字体

（3）通常为数据表记录设置字体时，不能设置单个或多个字段的字体，即数据记录的字体必须一致。因此只要将焦点置于数据表中，即可用与前面相同的方法设置为"华文琥珀",效果如图 2.47 所示。

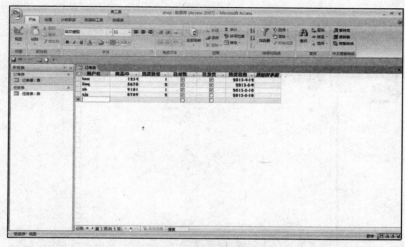

图 2.47 设置完成后的结果

字体格式工具栏

设置字体的格式工具栏如图 2.48 所示。

图 2.48 字体格式工具栏

在 Access 2007 中,我们可以利用字体格式工具栏来设置记录的字体,如"华文琥珀";设置记录的字号,如"11";设置记录的字形,如"加粗";设置记录的颜色,如"绿色";设置记录的背景颜色,如"黄色";设置网格线,如"交叉"等。

2. 设置行高

(1) 在"订单表"中,单击"记录"组中"其他"右侧的下三角按钮,显示记录设置列表,如图 2.49 所示。

(2) 在记录设置列表中单击"行高"按钮,系统显示"行高"对话框,如图 2.50

所示。

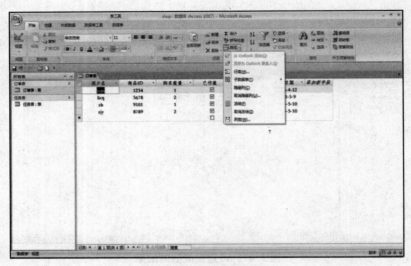

图 2.49　记录设置列表

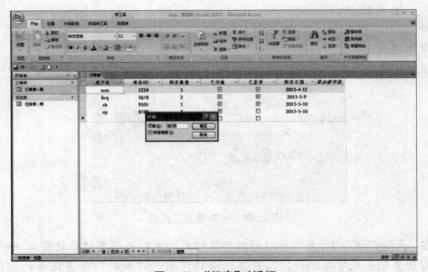

图 2.50　"行高"对话框

（3）"行高"对话框中显示了标准的行高高度为 15.75，如果要对行高进行重新设置，首先需要取消勾选"标准高度"复选框，然后在"行高"框中输入高度，如图 2.51所示。

（4）单击"确定"按钮，则在数据表中显示重新设置后的行高，如图 2.52

所示。

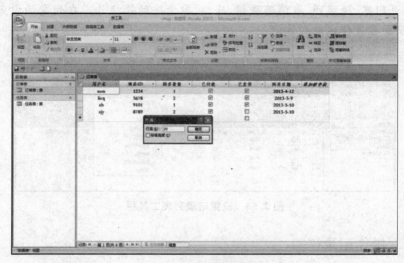

图 2.51　设置记录行高

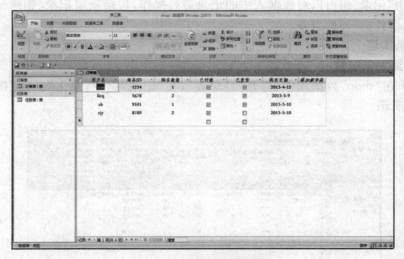

图 2.52　设置完成后的结果

相关知识

记录工具栏

设置记录格式工具栏中的"其他"按钮,如图 2.53 所示。

　　在 Access 2007 中,我们可以利用记录格式工具栏中的"其他"按钮来实现设置行高、设置列宽、隐藏列、取消隐藏列、冻结、取消冻结等操作。在列宽的设置中,我们还可以设置最佳匹配列宽。

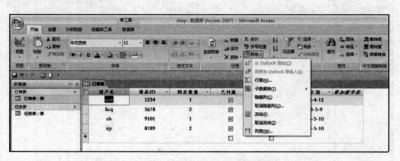

图 2.53　设置记录列表工具栏

任务二　操作记录(一)

任务描述

　　利用"记录"组可以对数据表中的记录进行操作,包括新增记录、删除记录、保存记录、合计、拼写检查等。

任务实现

1. 添加新记录

　　(1) 在"shop"数据库中,打开"订单表",在"记录"组中,单击"新建"按钮,如图 2.54 所示。

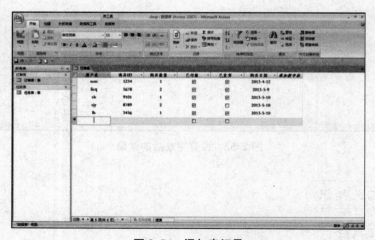

图 2.54　添加表记录

（2）单击"新建"按钮后，则焦点会被置于记录后的空栏，其处于可编辑状态，新增记录后的界面如图 2.55 所示。

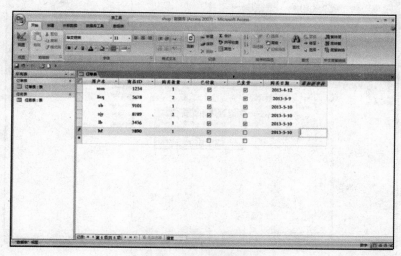

图 2.55　编辑新记录

2. 删除记录

（1）单击"记录"组中的"删除"按钮右侧的下三角按钮，打开"删除"列表，如图 2.56 所示。

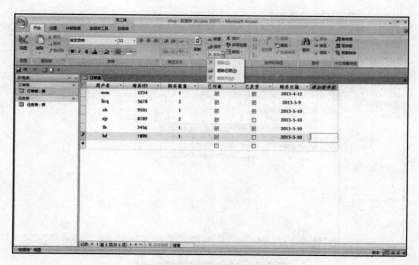

图 2.56　打开"删除"列表

（2）单击列表中的"删除记录"按钮，系统会弹出提示信息，如图 2.57 所示，单击其中的"确定"按钮将永久删除当前指向的记录。

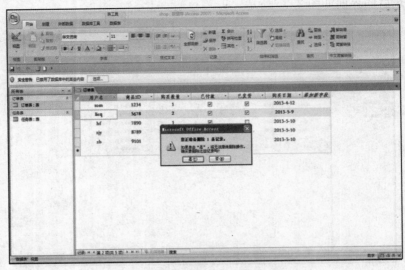

图 2.57　准备删除记录对话框

（3）将焦点置于"用户名"列的任意一行，单击列表中的"删除列"按钮，系统会弹出提示信息，如图 2.58 所示，单击其中的"确定"按钮将永久删除当前列的所有数据。

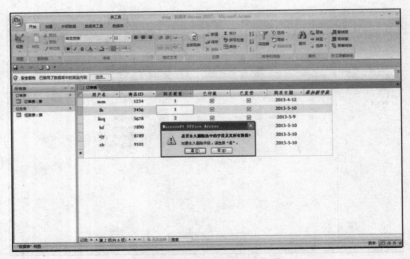

图 2.58　永久删除数据对话框

3. 合计
（1）单击"记录"组中的"合计"按钮，在数据表中将出现一个"汇总"行对数据进行汇总,如图 2.59 所示。

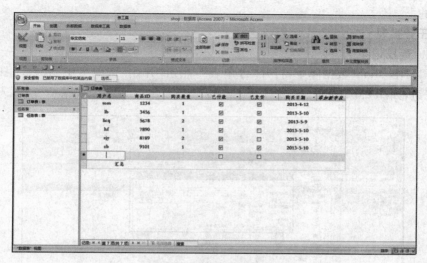

图 2.59　数据汇总

（2）点击"汇总"行按钮，对数据进行汇总,如图 2.60 所示。

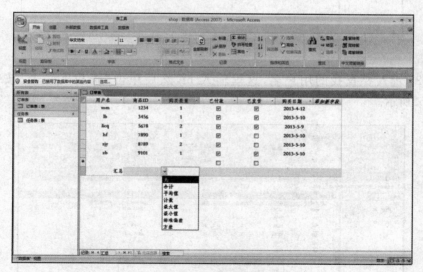

图 2.60　数据汇总列表

任务三　操作记录(二)

任务描述

通常用户在数据库中使用数据时,需要使用一些快捷的方法来实现对数据的查找、替换、排序以及筛选的操作,否则,对数据记录逐条进行查找和替换将是非常困难的。

任务实现

1. 查找记录

(1) 在"shop"数据库中,打开"订单表",点击"开始"选项卡中"查找"组的"查找"按钮,如图 2.61 所示。

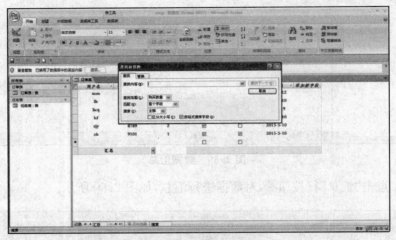

图 2.61　查找对话框

(2) 键入要查找的用户名,这里输入 hf,然后单击"查找下一个"按钮,如图 2.62所示。

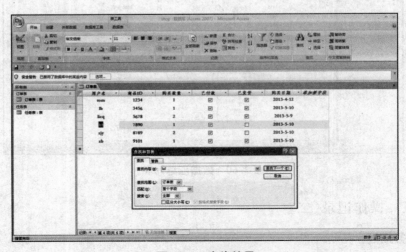

图 2.62　查找结果

相关知识

查找记录

和其他应用程序一样,Access 2007 提供了多种途径来快速查找所需的数据,而不管所查找的是特定的内容、记录还是记录组。其实现的途径可以分为如下几种。

① 使用"查找"对话框可以找出指定记录的位置或在字段中查找某些内容。如果要替换某些内容,则使用"替换"对话框。

② 在显示数据工作表时可以通过筛选器将某个指定的记录集暂时分开查看,然后执行所需的操作。

③ 通过查询得到符合某个准则的指定记录集,该准则由数据库中的一个或多个表指定。通过执行查询操作,可以使用这个与指定窗体或数据表无关的子集合。

④ 在对话框的"查找范围"文本框中设置查询内容的查找范围。

⑤ 关于通配符的使用和示例如下表所示。

表 2.3　有关通配符的使用

通配符	用　法
*	通配任何个数的字符。它可以在字符串中被当做第一个或最后一个字符使用
?	通配任何单个字母的字符
〔〕	通配方括号内任何单个字符
!	通配任何不在方括号之内的字符
—	通配指定范围内的任何一个字符。必须以递增排序顺序来指定区域(A～Z),而不是(Z～A)
♯	通配任何单个数字字符

2. 替换数据

(1) 在"shop"数据库中,打开"订单表",点击"开始"选项卡中"查找"组的"替换"按钮,或使用快捷键"Ctrl＋F",打开"查找和替换"对话框。该对话框主要包含四个设置内容,分别是查找内容、替换为、查找范围、匹配方式等,如图 2.63 所示。

(2) 在对话框的"查找内容"文本框中输入要查找的数据内容,在"替换为"文本框中输入要替换的内容,如图 2.64 所示。

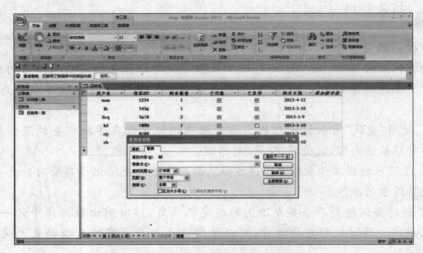

图 2.63　查找与替换对话框

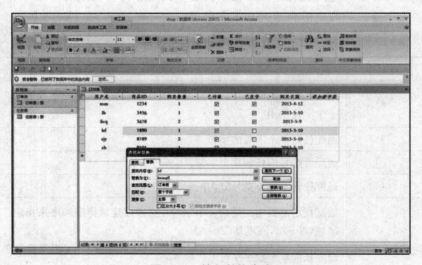

图 2.64　输入替换内容

　　(3)"查找范围"下拉列表中所包含的字段为在进行查找之前光标所在的字段。用户最好在查找之前将光标移到所要查找的字段,这样,与对整个表进行查找所需的时间相比会节省很多,如图 2.65 所示。

　　(4)在"匹配"选项中选择查找所要满足的条件,包括"字段任何部分""整个字段""字段开头"这三个选项。如果选择了"整个字段"选项,则在查找时,只查找字段中内容与输入的查找内容完全相同的记录,如图 2.66 所示。另外,还可以对查找选项进行高级设置。

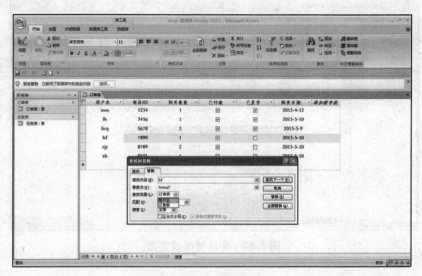

图 2.65　设置查找字段

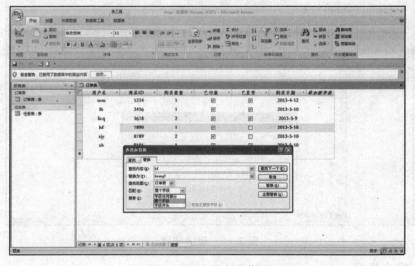

图 2.66　设置查找范围

(5) 查找的选项设置完毕后,便可以开始替换,如图 2.67 所示。

(6) 单击"替换"按钮,系统便会从系统当前定位开始依次替换查找到的匹配内容。单击"全部替换"按钮,则会替换掉该表中所有满足匹配条件的记录,如

图 2.68 所示。

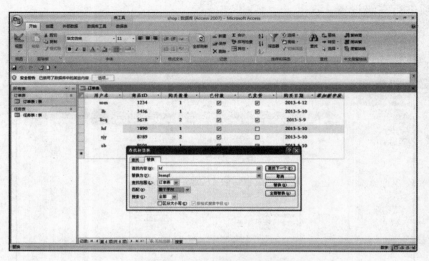

图 2.67　完成替换设置图

图 2.68　替换结果

3. 排序依据

（1）在"shop"数据库中，打开"产品表"。在将要排序的表或查询的"产品表"视图中，单击用于排序记录的字段，也可以同时选取多个字段。在"产品表"中选取字段"price"，希望以产品的单价从低到高排序"升序"来对数据表进行排序，如

图 2.69所示。

图 2.69　选中排序字段

（2）单击"排序和筛选"选项卡中的"升序"按钮，如图 2.70 所示。

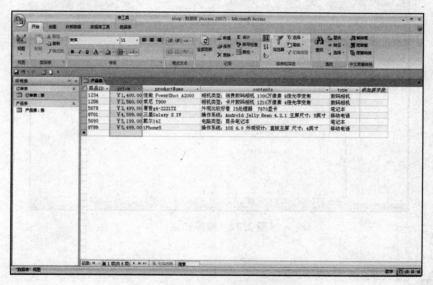

图 2.70　使用工具栏选择"升序"

（3）或者直接单击鼠标右键，在弹出的快捷方式菜单中选择"升序"排序命令来完成排序操作，如图 2.71 所示。

（4）对于步骤（3）使用"升序"排序命令后得到的结果如图 2.72 所示。

图 2.71　使用快捷菜单选择"升序"

图 2.72　排序结果

排序记录

　　对数据库中的记录进行排序可以加快查找和替换的速度。在 Access 数据库的表、查询、窗体或子窗体的"数据表"视图中，或在窗体或子窗体的"窗体"视图中都可以排序记录;也可以在"高级筛选/排序"窗口中,通过指定的排序顺序来排序筛选数据,或在查询"设计"视图中通过指定排序顺序来排序查询结果。

在"窗体"视图或"数据表"视图中指定排序顺序时可以执行简单的排序操作,即可以将所有记录按照升序或降序排序,但两者不能够同时进行。而在查询"设计"视图或在"高级筛选/排序"窗口中指定排序顺序时则可以执行复杂的排序:设置某些字段按照升序排序记录,而其他字段按照降序排序记录。

无论在何处指定排序记录,在保存窗体或数据表时,Access 数据库将保存该排序顺序,并且在重新打开该对象或者基于该对象创建的新窗体或者报表时,将会自动重新应用排序的顺序。

在 Access 中文版中,排序记录时所依据的规则是"中文"排序,具体方法如下:

① 中文按拼音字母的顺序排序。

② 英文按字母顺序排序。大、小写字母视为相同。

③ 数字由小到大排序。

在数据库中排序记录时常常需要考虑以下几点:

① 排序顺序将和表、查询或窗体一起保存。如果某个新窗体或报表的数据对象是保存有排序顺序的表或查询时,则新窗体或报表将继承原有的排序顺序。

② 排序顺序取决于用户在创建数据库时在"选项"对话框中的语言设置。

③ 如果查询或筛选的设计网格包含了字段列表中的星号,则不能在设计网格中指定排序顺序,除非在设计网格中也添加了要排序的字段。

④ 使用升序排序日期和时间,是指由较早的时间到较后的时间;使用降序排序日期和时间时,则是指由较后的时间到较早的时间。

⑤ 在"文本"字段中保存的数字将作为字符串而不是数值来排序。因此,如果要以数值的顺序来排序,则必须在较短的数字前面加上零,使全部的文本字符串具有相同的长度。对于不包含 NULL 值的字段,另外一个解决方案是使用 Val 函数来排序字符串的数值。例如,如果"年龄"字段是包含数值的文本字段,则在"字段"单元格指定 val([年龄]),并且在"排序"单元格指定排序顺序后才会以正确的顺序来放置记录。

⑥ 在以升序排序字段时,对于任何含有空字段(包含 Null 值)和空字符串的字段,包含 Null 值的字段将在第一条显示,紧接着是空字符串。

⑦ 数据类型为备注、超级链接或 OLE 对象的字段不能排序。

4. 筛选数据(一)——基于选定内容的筛选

(1) 双击打开"shop"数据库,在导航窗格中选中"产品表",单击鼠标右键,在弹出的快捷菜单中选择"打开"命令,则在数据表视图中打开该表,如图 2.73

所示。

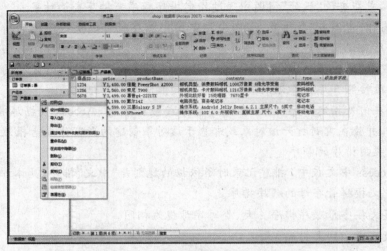

图 2.73　在数据表视图中打开表

（2）在数据表的字段中，查找希望在筛选结果的所有记录中都包含某个值的实例，并选择该值。在本例中，将选择任何一条"type"字段中为"笔记本"的记录，找到该记录并将光标移动至该记录的"type"字段中，如图 2.74 所示。

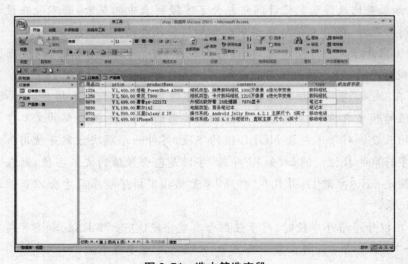

图 2.74　选中筛选字段

（3）在"排序和筛选"组中单击"选择"按钮 ，在弹出的菜单中选择"等于'笔记本'"，如图 2.75 所示。

（4）在数据表中将只会显示出"type"字段为"笔记本"的记录，可以看到在新生成的数据表中所有的"type"字段内容都为"笔记本",并且在数据表的记录定位器中,记录数比筛选之前的记录数要少,说明名为"产品表"的数据表中并不是所有的产品种类都是"笔记本",如图 2.76 所示。

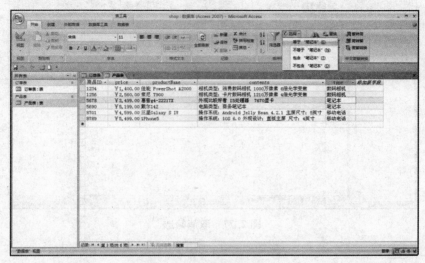

图 2.75　设置筛选条件

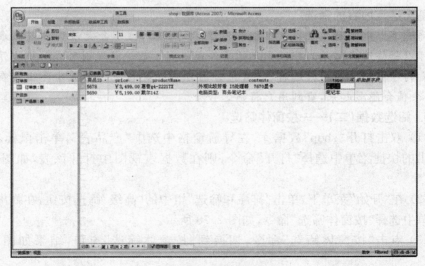

图 2.76　筛选结果

（5）用户对数据表进行筛选操作之后,可以看到"排序和筛选"组中的"切换筛选"按钮被自动按下。如果想取消筛选操作,则可以单击该按钮,如图 2.77

所示。

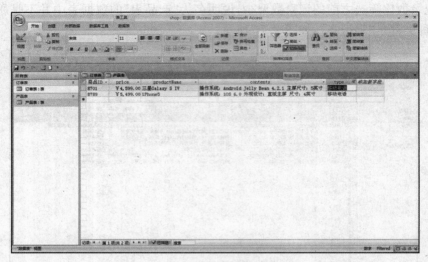

图 2.77 取消筛选

基于选定内容的筛选

筛选可以更改窗体或报表在视图中显示的数据,但不会更改窗体或报表的设计。可以将筛选看作是为字段指定的条件或规则。条件或规则可以标识出用户希望查看的字段值。应用筛选时,只有包含用户感兴趣的值的记录才会出现在视图中,其余值会隐藏起来,直到用户将筛选移除。

5. 筛选数据(二)——按窗体筛选

(1)双击打开"shop"数据库,在导航窗格中选中"产品表",单击鼠标右键,在弹出的快捷菜单中选择"打开"命令,则在数据表视图中打开该表,如图 2.73 所示。

(2)在"开始"菜单下,单击"排序和筛选"组中的"高级"筛选按钮,在弹出的快捷菜单中选择"按窗体筛选"命令,如图 2.78 所示。

(3)点击"按窗体筛选"命令,切换到"按窗体筛选"窗口,结果如图 2.79 所示。

(4)选择"type"字段为"笔记本"的记录,如图 2.80 所示。

(5)如果希望得到的指定筛选结果中的记录确定为某个值,则可以单击打开窗口底部的"查找"选项卡,并输入单个相应的准则,如图 2.81 所示。

　　(6) 单击"排序和筛选"组中的"高级"筛选按钮,在弹出的快捷菜单中选择"应用筛选/排序"命令,如图 2.82 所示。

　　(7) 点击"应用筛选/排序"命令,筛选结果如图 2.83 所示。

图 2.78　选择"按窗体筛选"命令

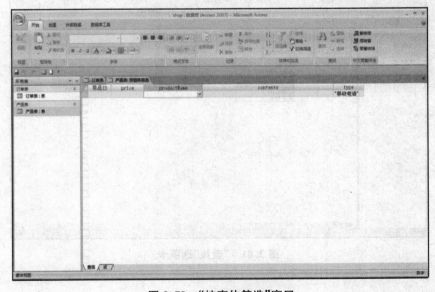

图 2.79　"按窗体筛选"窗口

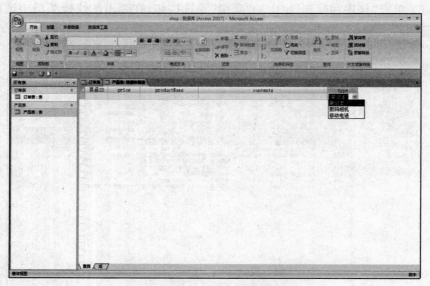

图 2.80　选择"筛选"字段

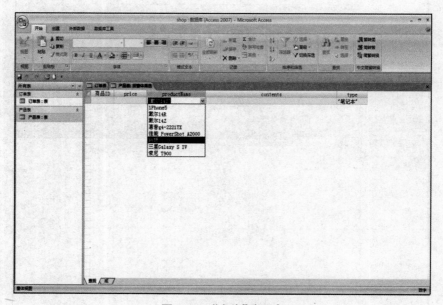

图 2.81　"查找"选项卡

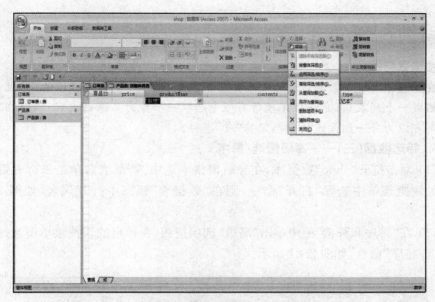

图 2.82 选择"应用筛选/排序"命令

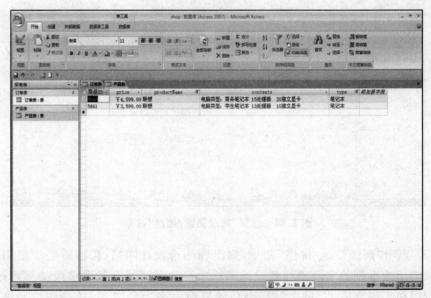

图 2.83 筛选结果

按窗体筛选

在按窗体筛选时，Access 数据库会将数据表变成一个单一的记录，并且每个字段组成一个列表框，允许从字段所有值中选取一个作为筛选的内容；同时在窗体的底部可以为每一组设定的值指定其"或"条件。

6. 筛选数据（三）——高级筛选/排序

（1）双击打开"shop"数据库，在导航窗格中选中"产品表"，单击鼠标右键，在弹出的快捷菜单中选择"打开"命令，则在"数据表"视图中打开该表，如图 2.73 所示。

（2）在"排序和筛选"组中单击"高级"选项按钮，在弹出的快捷菜单中选择"高级筛选/排序"命令，如图 2.84 所示。

图 2.84 选择"高级筛选/排序"命令

（3）点击"高级筛选/排序"命令，则出现筛选设计网格，再将需要指定用于筛选记录的值或准则的字段添加到设计网格中。如果要指定某个字段的排列顺序，首先可以单击该字段的"排序"单元格，然后单击旁边的箭头，选择相应的排序顺序，就可以使其升序、降序或不排序，如图 2.85 所示。

（4）设定"price"字段按升序筛选，然后在已经包含字段的"条件"单元格中输入需要查找的值或表达式。设定"type"字段为"笔记本"，即筛选所有"type"为"笔记本"的数据,如图 2.86 所示。

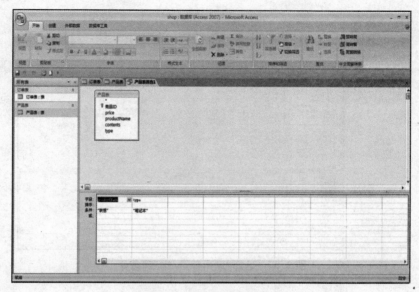

图 2.85　筛选设计网格

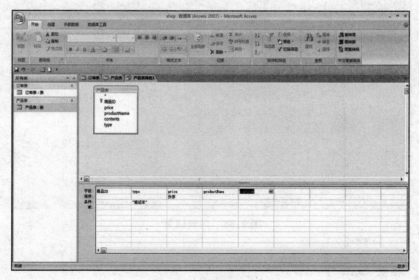

图 2.86　设置筛选条件

（5）单击"排序和筛选"组中的"高级"筛选按钮,在弹出的快捷菜单中选择"应用筛选/排序"命令,如图 2.87 所示。

（6）点击"应用筛选/排序"命令，筛选结果如图 2.88 所示。

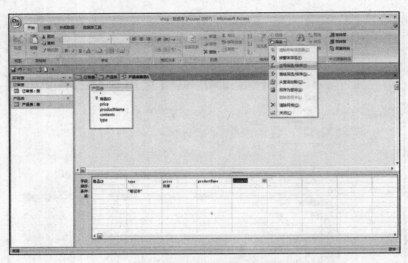

图 2.87　选择"应用筛选/排序"命令

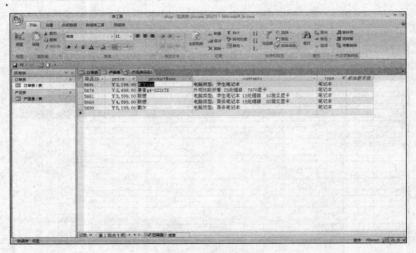

图 2.88　筛选结果

　相关知识

1. 高级筛选/排序

在前面的几种筛选方法中，用户可以利用字段中已有的信息在单个表或查询中生成一个子集。使用"高级筛选/排序"窗口筛选记录可以是针对数据库中的多

个表或者查询,同时可以方便地在不变的界面中设置筛选的准则和排序方式,以及在生成的筛选子集中显示各个字段。

2. 筛选数据

使用 Access 筛选,就是在表的众多记录中,让符合条件的记录显示出来,将不需要的记录隐藏起来。为了实现上述功能,除了可以使用后面将要学习的查询功能,还可以直接对数据表进行筛选操作。Access 在对数据表进行筛选的同时还可以对数据表进行排序。

在 Access 的数据表中,通常使用筛选来临时查看或编辑记录的子集。

Access 的筛选可以说就是一个功能有限的查询。它在数据表中可以为一个或多个字段指定条件,只有符合条件的记录才被显示出来。

筛选与查询的区别。在后面章节中我们会学习查询操作,这里我们先介绍 Access 提供的筛选功能。查询和筛选之间的基本相似之处是,都是从基表中检索出关于某个记录的子集;不同之处就是对返回记录的使用目的不同。查询和筛选的区别如下表所示。

表 2.4　查询与筛选的区别列表

特　性	筛　选	查　询
如果要在返回的子集中包含更多表的记录,可以添加这些表	否	是
生成的结果可以用做窗体或报表的数据来源	是	是
可以指定在记录子集的结果中显示哪些字段	否	是
在“数据库”窗口中作为单独的对象显示	否	是
可以应用于关闭的表、查询或窗体	否	是
可以计算总和、平均、计数以及其他类型的总计	否	是
可以排序记录	是	否
如果允许编辑,则能够编辑数据	是	是

2.5　数据的导入与导出

在实际操作过程中,时常需要将 Access 表中的数据转换成其他的文件格式,如文本文件(. txt)、Excel 文档(. xls)、dBase(. dbf)、HTML 文件(. html)等,相反,Access 也可以通过“导入”的方法,直接应用其他应用软件中的数据。

学习目标

- 数据的导出；
- 数据的导入。

能力目标

- 能够掌握数据的导入与导出。

任务一　导入数据

任务描述

"导入数据"是将其他表或其他格式文件中的数据应用到 Access 当前打开的数据库中。当文件导入到数据库之后，系统将以表的形式将其保存。

任务实现

（1）打开"shop"数据库，选择"外部数据"菜单中的"导入"组，点击"Excel"按钮，弹出"获取外部数据"对话框（本例数据源为 Excel），如图 2.89 所示。

图 2.89　"获取外部数据"对话框

（2）点击"浏览"按钮，选择数据源，如图 2.90 所示。

（3）点击"打开"按钮后，点击"确定"按钮，如图 2.91 所示。

（4）点击"下一步"按钮，选中"第一行包含列标题"，如图 2.92 所示。

（5）点击"下一步"按钮，选中"我自己选择主键"，如图 2.93 所示。

（6）点击"下一步"按钮，再点击"完成"按钮，从而完成外部数据的导入，如

图 2.94 所示。

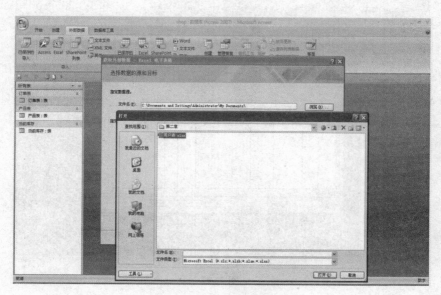

图 2.90　选择数据源

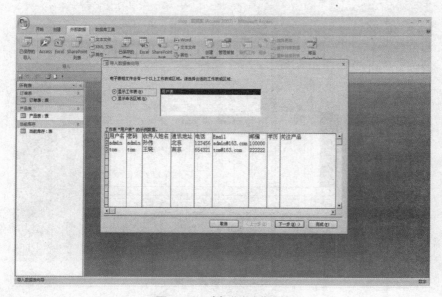

图 2.91　选择"确定"按钮

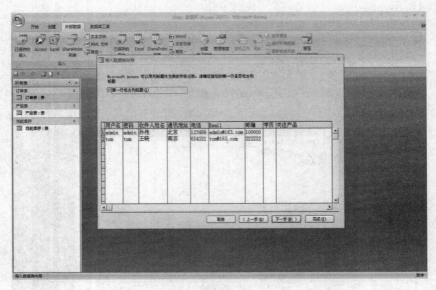

图 2.92

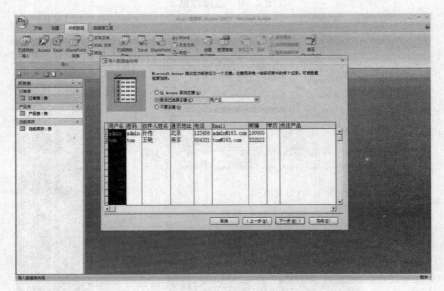

图 2.93　设置主键

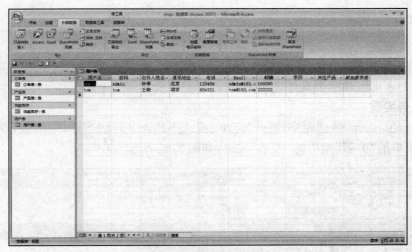

图 2.94　导入外部数据的结果

任务二　导出数据

"导出数据"是一种将数据和数据库对象输出到其他数据库、电子表格或文件格式中,以便其他数据库、应用程序或程序可以使用该数据或数据库对象的方法。导出在功能上与复制和粘贴相似。用户可以将数据导出到各种支持的数据库、程序和文件格式中,也可以将多数数据库对象从 Access 数据库或 Access 项目中导出到其他 Access 数据库或项目。

导出数据的操作较为简单,用户首先在数据库窗口选中要导出的数据库对象,然后在"外部数据"菜单中的"导出"组中选择要导出的数据类型、存储路径和名称即可。

2.6　创建表之间的关系

Access 是一个关系型数据库,用户创建了所需要的表后,还要建立表之间的关系,Access 就是凭借这些关系来连接表或查询表中的数据的。

学习目标

- 创建表之间的关系;
- 设置参照完整性。

能力目标

- 能够掌握创建表与表之间关系的方法。

任务一　创建表之间的关系

任务描述

在表之间创建关系,可以确保 Access 将某一表中的改动反映到相关联的表中。一个表可以和多个其他表相关联,而不是只能与另一个表组成关系对。

任务实现

(1) 在"shop"数据库中,打开"订单表"、"产品表"以及"当前库存"表,点击"数据表"菜单的"关系"组中的"关系"按钮,如图 2.95 所示。

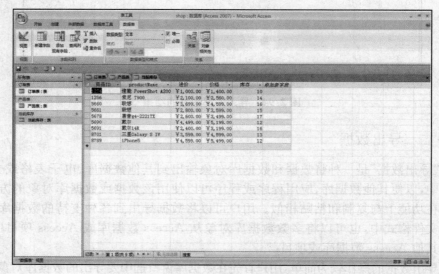

图 2.95　打开"订单表"

(2) 点击"关系"按钮,弹出"显示表"对话框,在"显示表"对话框中添加"订单表"、"产品表"以及"当前库存"表,如图 2.96 所示。

(3) 在创建联系之前,我们首先要确定"主键"以及"外键"。

(4) 点击"工具"组中"编辑关系"按钮,弹出"编辑关系"对话框如图 2.97 所示。

(5) 在"编辑关系"对话框中,点击"新建"按钮,弹出"新建"对话框,在"新建"对话框的"左表名称""右表名称"中选择相应的表名,在"左列名称""右列名称"中选择"商品 ID"分别作为主键和外键,如图 2.98 所示。

(6) 点击"编辑关系"对话框中的"确定"按钮,弹出"编辑关系"对话框如图 2.99所示。

(7) 点击"编辑关系"对话框中的"创建"按钮,即创建"产品表"和"订单表"之间的关系,如图 2.100 所示。

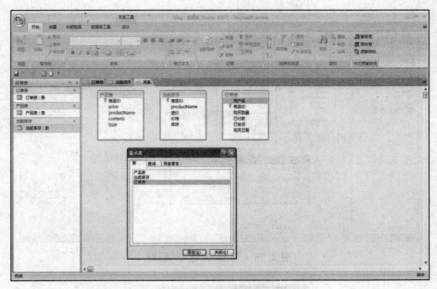

图 2.96 添加表

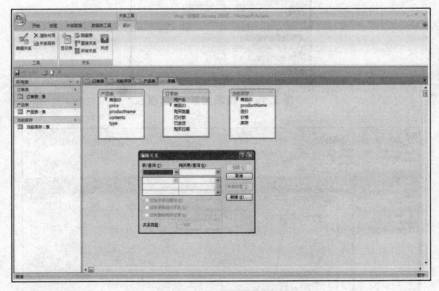

图 2.97 "编辑关系"对话框

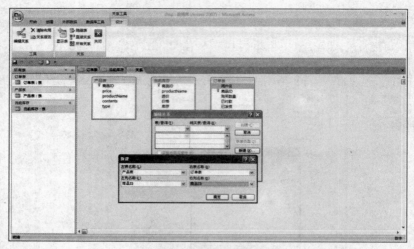

图 2.98　设置"新建"对话框

图 2.99　"编辑关系"对话框

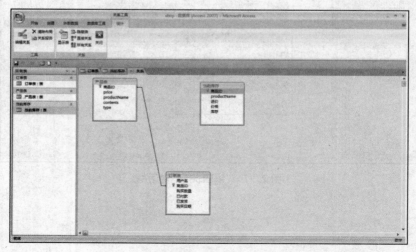

图 2.100　创建关系

（8）使用上述方法，同样可以创建"产品表"和"当前库存"表的关系，如图 2.101所示。

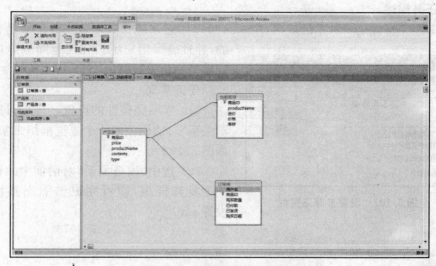

图 2.101　创建多表之间的关系

 相关知识

创建表之间的关系

Access 是一个关系型数据库，用户创建了所需要的表之后，还要建立表之间的联系，Access 就是凭借这些关系来链接表或查询表中的数据的。

两个表之间的关系是通过一个相关联的字段建立的。在两个相关表中起着定义相关字段取值范围作用的表称为父表，该字段称为主键；而另一个引用父表中相关字段的表称为子表，该字段称为子表的外键。根据父表和子表中关联字段间的相互关系，Access 数据表间的关系可以分为 3 种：一对一关系、一对多关系和多对多关系。

一对一关系：父表中的一条记录只能与子表中的一条记录相关联。在这种表关系中，父表和子表都必须以相关联的字段为主键。

一对多关系：父表中的一条记录可与子表中的多条记录相关联。在这种表关系中，父表必须根据相关联的字段建立主键。

多对多关系：父表中的一条记录可与子表中的多条记录相关联，而子表中一条记录也可与父表中的多条记录相关联。在这种表关系中，父表与子表之间的关系实际上是通过一个中间的数据表来实现的。

任务二　设置参照完整性

任务描述

参照完整性是一种系统规则，Access 可以用它来确保关系表中的记录是有效

图 2.102　设置参照完整性

的，并且确保用户不会在无意间删除或改变重要的相关数据。

任务实现

（1）参照完整性的设置，可以通过"编辑关系"对话框中的 3 个复选框组来实现，如图 2.102 所示。

（2）选中"编辑关系"对话框中的任何一个复选框组，即可完成参照完整性的设置。

设置参照完整性

参照完整性时，复选框选项的选择与表之间关系字段的数据关系如表 2.5 所示。

表 2.5　设置参照完整性

复选框选项			关系字段的数据关系
实施参照完整性	级联更新相关字段	级联删除相关字段	
√			两表中关系字段的内容都不允许更改或删除
√	√		当更改主表中的关系字段的内容时，子表的关系字段会自动更改。但仍然拒绝直接更改子表的关系字段内容
√		√	当删除主表中关系字段的内容时，子表的相关记录会一起被删除。但直接删除子表中的记录时，主表不受影响
√	√	√	当更改或删除主表中关系字段的内容时，子表的关系字段会自动更改或删除

使用参照完整性要遵循以下规则：

① 不能在相关表的外键字段中输入主表的主键中不存在的值。但是，可以在外键中输入一个 Null 值来指定这些记录之间并没有关系。

② 如果在相关表中存在匹配的记录，则不能从主表中删除这个记录。

③ 如果某个记录有相关的记录，则不能在主表中更改主键值。

习题

1. 建立一个"教务管理信息系统"数据库，在数据库中创建"学生"表、"课程"表、"选课"表共三张数据表，并设置各数据表中的部分字段属性。其中数据表逻辑结构如下所述。

（1）"学生"表用于记录学生的基本信息，包括学号、姓名、性别及出生日期等，其逻辑结构如下表所示：

字段名称	数据类型	格式	索引	说明
学号	文本	标准	有（无重复）	学生的编号
姓名	文本	标准	无	学生的姓名
性别	文本	标准	无	学生的性别
出生日期	日期/时间	标准	无	学生的出生日期
政治面貌	文本	标准	无	学生的政治面貌
班级编号	文本	标准	无	学生所属班级
照片	OLE 对象	无	无	学生的照片

（2）"课程"表用于记录学校所开设的课程信息，包含课程编号、课程名、相应的学分等，其逻辑结构如下表所示：

字段名称	数据类型	格式	索引	说明
课程编号	文本	标准	有（无重复）	课程的编号
课程名	文本	标准	无	课程的名称
课程类别	文本	标准	无	课程所属类别
学分	数字	标准	无	课程对应的学分
教师编号	文本	标准	无	课程授课教师的编号

（3）"选课"表用于记录每个学生所选课程的详细信息，包含课程编号、学号和成绩，其逻辑结构如下表所示：

字段名称	数据类型	格式	索引	说明
课程编号	文本	标准	有(无重复)	课程的编号
学号	文本	标准	无	学生的编号
成绩	文本	标准	无	学生成绩

2. 为第一题中"学生"数据表的"出生日期"字段定义如下有效性规则：学生的"出生日期"时间必须在 1995 年之前。

3. 为第一题中的数据表创建关系：创建"学生"表与"选课"表之间的关系，创建"课程"表与"选课"表之间的关系。

第3章　搭建后台——查询的设计

在数据库中,把数据组织在若干个数据表中,并通过主键和外键将表中的数据联系起来。在实际应用中,常需要从数据库中找满足特定条件的数据,或是在数据表的基础上对数据重新进行组织,通常可以使用查询来完成这些操作。查询是数据库最重要和最常见的应用,它作为 Access 数据库中的一个重要对象,可以让用户根据指定条件对数据库进行检索,筛选出符合条件的记录,构成一个新的数据集合,从而方便用户对数据库进行查看和分析。本章将介绍查询的创建方法和使用技巧。

网上商城是一个复杂的电子商务系统,我们在这里以网上商城的用户接口模块为例来介绍查询的建立。

用户接口是网站用户使用商城系统的服务入口,所有在线用户都通过浏览器登陆网站,并进行一系列的查询、订购等操作。用户接口模块包括商品查询、用户信息维护、商品订购和订单维护四个部分。用户登陆后,用户的 ID 将会被保存在服务器的缓存(session)中,用户在系统中所做的操作都将被系统存储到数据库中,以供商家进行销售情况和销售走势分析。

3.1　用户接口模块的商品查询

用户接口模块包括如图 3.1 所示的四个部分。

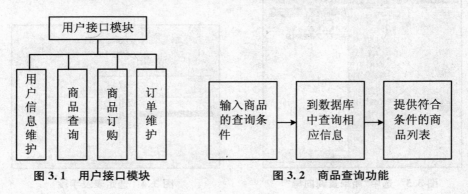

图 3.1　用户接口模块　　　　图 3.2　商品查询功能

商品查询模块可以根据商品的名称、种类、价格、厂家等条件进行组合查询,在商品查询结果列表中,用户可以进一步查看详细信息。商品查询功能如图 3.2 所示。

学习目标

- 创建简单单表查询;
- 设置查询条件;
- 设置查询字段;
- 在单表中应用总计查询。

能力目标

- 能够掌握利用向导创建单表查询;
- 能够设置条件和查询字段查询不用的数据信息;
- 能够使用总计查询完成求和、求平均值等运算。

任务一 使用查询向导创建简单单表查询

任务描述

查找"商品表"中所有商品的"商品名称、商品类别、价格、库存量"。

任务分析

所谓单表查询,就是在一个数据表中完成查询操作,不需要引用其他表中的数据。

任务实现

(1) 打开 Access 应用程序,在菜单栏中切换到"创建"选项卡,然后在"其他"组中单击"查询向导"快捷按钮,即可打开"新建查询"向导。

(2) 在"新建查询"向导中选中"简单查询向导",如图 3.3 所示。

图 3.3　选中"简单查询向导"

图 3.4　选定表及字段

（3）选定要查询的表及字段，即单击"右移"按钮将"商品名称"、"商品类别"、"价格"和"库存量"从"可用字段"移动到"选定字段"，然后单击下一步，如图 3.4 所示。

（4）其余步骤使用默认值，最后点击"完成"按钮，如图 3.5、图 3.6 所示。浏览查询结果如图 3.7 所示。

图 3.5　选择查询方式

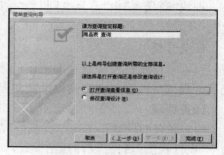

图 3.6　设置查询标题

商品名称	商品类别	价格	库存量
佳能 PowerShot A200	数码相机	1400	200
索尼 W150	数码相机	1260	260
佳能 PowerShot A110	数码相机	1650	340
佳能 PowerShot A100	数码相机	1268	594
索尼 T900	数码相机	2560	124
索尼 W150	数码相机	1260	547
佳能 PowerShot A110	数码相机	1650	541
佳能 PowerShot A100	数码相机	1268	675
索尼 T900	数码相机	2560	548
佳能 PowerShot A200	数码相机	1400	513
索尼 W150	数码相机	1260	571
佳能 PowerShot A110	数码相机	1650	564
佳能 PowerShot A100	数码相机	1268	315
索尼 T900	数码相机	2560	345
索尼 W150	数码相机	1260	215
佳能 PowerShot A110	数码相机	1650	548
佳能 PowerShot A200	数码相机	1400	546
索尼 W150	数码相机	1260	548

图 3.7　浏览查询结果

任务总结

用简单查询向导既可以创建简单单表查询也可以创建多表查询。在使用简单查询向导完成创建查询后还可以使用查询设计视图修改参数，具体参数查询会在后面的任务中详细分析。

相关知识

简单单表查询是选择查询中最简单的一种查询方式。查询是根据用户需求，用一些限制条件来选择表中的的数据（记录）。按照查询的方式，Access 的查询可以分为选择查询（参数查询、交叉表查询）、操作查询、SQL 查询、汇总查询、重复项查询、不匹配查询等，将会在后面的任务中详细介绍上述查询。

任务二　设置查询条件

任务描述

查找"商品表"中"商品类别"为"数码相机"的所有"商品名称"、"价格"和"库存量"。

任务分析

查询条件是一种限制查询范围的方法，主要用来筛选出符合某种特殊条件的记录。查询条件可以在查询设计视图窗口的"条件"文本框中进行设置。

任务实现

（1）在查询设计视图窗口找到"商品表查询"，在上边点击鼠标右键弹出菜单，选中"设计视图"，打开设计视图模式，如图 3.8 所示。

图 3.8　设计视图

（2）添加需要查询的字段，如图 3.9 所示。

（3）在"商品类别"的条件框上单击鼠标右键，选择"生成器"，如图 3.10 所示。

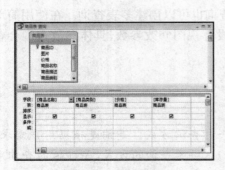

图 3.9　添加字段

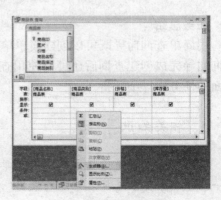

图 3.10　打开生成器

（4）在"表达式生成器"中按如图 3.11 所示设置条件，设置后单击"确定"按钮。此时的表设计视图如图 3.12 所示。

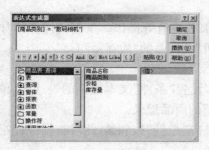

图 3.11 设置条件　　　　　　　　**图 3.12 设计视图**

（5）最后切换到数据表视图，查看查询结果，如图 3.13、图 3.14 所示。

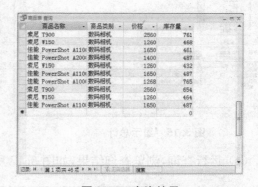

图 3.13 选择视图　　　　　　　　**图 3.14 查询结果**

任务总结

设置查询条件可以利用"表达式生成器"来生成，并且可以使用"运行"按钮浏览查询到的记录。

 相关知识

查询条件是一种限制查询范围的方法，主要用来筛选出符合某种特殊条件的记录。当需要查询"商品类别"为"数码相机"或"平板电脑"的记录，用户可以在"条件"文本框中输入"数码相机"或"平板电脑"，然后单击"运行"即可。

任务三　利用总计查询统计数码相机的库存量

任务描述

总计查询可以对表中的记录进行求和、求平均值等操作。下面具体介绍如何应用总计查询来查询"商品类别"为"数码相机"的商品的"库存量"有多少。

任务实现

（1）打开"商品表查询"的查询设计视图，设置"条件"文本框中的表达式，单击"运行"按钮，显示所有商品种类为"数码相机"的商品记录。

（2）切换到设计视图窗口，在工具栏中单击"总计"按钮Σ，此时查询设计视图窗口如图 3.15 所示。

（3）删除字段中的"商品名称"、"价格"，将"库存量"修改为（库存总量：〔库存量〕），修改下面的"总计"文本框内容为"总计"，如图 3.16 所示。

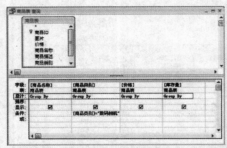

图 3.15　显示总计　　　　　　　　　图 3.16　设置条件

（4）运行查询，浏览查询结果，如图 3.17 所示。

图 3.17　浏览结果

任务总结

总计查询是选择查询的一种，在单表查询和连接查询中都可以使用。先建立好查询列出相应数值，之后点击"汇总"按钮，在设计视图文本编辑区出现"总计"选项，最后根据需要选择是要求和还是求平均值等。

相关知识

　　总计查询是一种将查询得到的数值进行计算的方法,主要用来汇总记录。除了求和、求平均值之外,还可以查找最小值、最大值或是自定义计算公式等,使用方法非常灵活。

3.2　用户接口模块的用户信息维护

　　每个想在该系统中购物的用户都必须先注册,注册时的用户名是用户"SQL查询"的唯一标识。系统可以接受客户的个人信息,比如购物方面的喜好等等。

学习目标

- 创建简单联接查询;
- 设置联接属性创建查询;
- 交叉查询;
- 使用查询向导创建查询;
- 设置参数式查询。

能力目标

- 能够熟练创建简单联接查询,并且对相应属性进行设置;
- 会用查询向导创建查询;
- 会设置参数式查询;
- 能够理解交叉查询量一般在什么情况下应用,并能灵活应用。

任务一　查找订单中的发货地址

任务描述

　　若要查找"订单表"里订单对应"用户名"的"收件人"和"通讯地址",需要联接"订单表"和"客户表"来完成。

任务实现

　　(1) 和创建简单单表查询一样,打开 Access 应用程序,在菜单栏中切换到"创建"选项卡,在"其他"组中单击"查询向导"快捷按钮,即可打开新建查询向导。在新建查询向

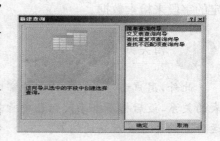

图 3.18　新建查询

导中选择"简单查询向导",如图 3.18 所示。

　　（2）在"选定字段"添加"订单表"中的"订单号""商品 ID"两字段,如图 3.19 所示。

　　（3）在"选定字段"添加"客户表"中的"收件人姓名"、"通讯地址"、"邮编"和"电话"字段,如图 3.20 所示。

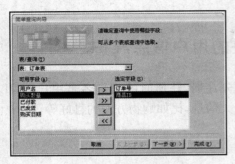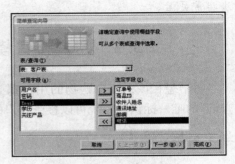

图 3.19　选择字段　　　　　　　　图 3.20　完成添加字段

　　（4）点击"完成"按钮,浏览查询结果,如图 3.21 所示。可以看出每一订单都有一个收件人以及详细的地址信息,可以作为发货信息提供给发货人员。

图 3.21　浏览查询结果

任务总结

　　任务一是使用查询向导创建简单的联接查询的例子。联接查询是关系数据库中重要的查询应用,通过"简单查询向导"创建查询,可以在多个表或查询中按照指定的字段来检索数据。

 相关知识

　　此外,用户还可以在查询设计窗口中添加多个数据表,然后在设计窗口中定义表的关系,最后将多个字段列表中所需的字段分别拖动到下侧的"字段"文本框中,运行查询即可显示查询结果。

任务二 设置联接属性创建查询

任务描述

在"客户表"中查找用户"关注产品"的"商品类别"以及此类别的所有商品在"商品表"中的"商品名称""商品价格"等,并按照价格降序排序。

任务实现

(1) 使用查询设计器来创建此查询,即点击"创建"选项卡下的"查询设计"按钮,随后在"显示表"中依次添加"客户表"和"商品表",如图 3.22 所示。

图 3.22 显示表

(2) 可以通过"联接属性"来设置"关注产品"与"商品类别"相关联,即双击表之间的连接线,如图 3.23 所示,便可打开"联接属性"对话框,如图 3.24 所示。

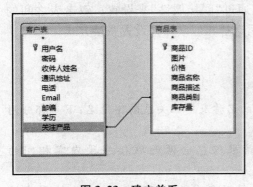 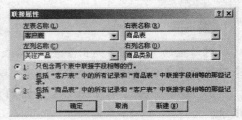

图 3.23 建立关系   图 3.24 设置联接属性

(3) 任务需要设置条件并按照价格降序排序,故在查询设计视图中设置查询条件如图 3.25 所示,在"输入参数"对话框中输入参数"sunwei",如图 3.26 所示。

运行查询,浏览查询结果如图 3.27 所示。

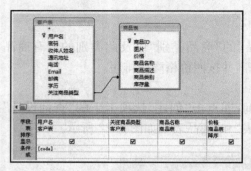

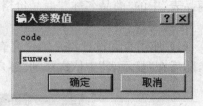

图 3.25   设置条件   图 3.26   设置参数

用户名	关注商品类	商品名称	价格
sunwei	笔记本电脑	华硕(ASUS) R500XI323VD-SL 15.6?	5433
sunwei	笔记本电脑	索尼(SONY) SVE1512S7C 15.5英寸笔	4268
sunwei	笔记本电脑	宏碁(acer) E1-471G-53214G50Mnks	4231
sunwei	笔记本电脑	THINKPAD笔记本SL400-PL1	4023
sunwei	笔记本电脑	富士通(FUJITSU) LH532 14英寸笔记	4000
sunwei	笔记本电脑	神舟(HASEE) 精盾K580S-17D0 15.6	3999
sunwei	笔记本电脑	宏碁(acer) V3-571G-53214G50Makk	3468
sunwei	笔记本电脑	戴尔(DELL) Ins14RR-3518X 14英寸	3455
sunwei	笔记本电脑	联想(Lenovo)Y470P-IFI 14.0英寸	3422
sunwei	笔记本电脑	ThinkPad E430C(3365-A16)14英寸	3268
sunwei	笔记本电脑	联想(Lenovo)U310-ITH 13.3英寸超	2869
sunwei	笔记本电脑	ThinkPad E430C(3365-A29) 14英	2869
sunwei	笔记本电脑	联想(Lenovo)G470AL 14.0英寸笔记	2348
sunwei	笔记本电脑	ThinkPad E430C(3365-A56)14英寸	2328

图 3.27   运行查询结果

任务总结

当要查询的两个相关表合并时,可以通过"联接属性"来设置。双击表之间的连接线,即可打开"联接属性"对话框,然后选择相应字段并设置联接方式。

相关知识

对话框的上半部分列出了左、右两表的名称及建立关系的字段名;下半部分用来设置两个表创立联接的方式。

图 3.24 中的选项 1 表示:查询的结果仅包含两表联接字段内容相同的记录。

图 3.24 中的选项 2 表示:查询的结果必须包含左表(客户表)中的所有记录。Access将这种连接方式称为左外部联接。如图 3.28 所示的就是通过"客户表"和"商品表"创建查询,并设置"左外部联接"属性,显示查询结果如图 3.29

所示。

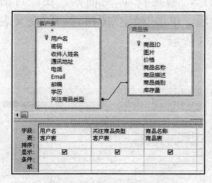

图 3.28　左外部联接视图

图 3.29　运行查询结果

图 3.24 中的选项 3 表示：查询的结果必须包含右表（商品表）中的所有记录。Access 将这种连接方式称为右外部联接。如图 3.30 所示的就是通过"客户表"和"商品表"创建查询，并设置"右外部联接"属性，显示查询结果如图 3.31 所示。

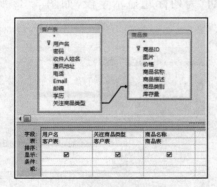

图 3.30　右外部联接视图

图 3.31　运行查询结果

任务三　设置交叉查询

任务描述

联接查询"商品表"和"订单表"，交叉查询"订单表"，列出每天各种商品的销售量走势。一组以行标题的方式在表格的左边显示各种"商品名称"；一组以列标题的方式在表格的顶端显示"购买日期"，在行和列交叉的地方显示"购买数量"，在第二列显示购买数量的总合。

任务实现

（1）在查询窗口中单击"新建"按钮，打开"新建查询"对话框。在该对话框中选择"交叉表查询向导"选项，如图 3.32 所示。单击"确定"按钮，打开"交叉表查询向导"对话框，选中"表"单选按钮，如图 3.33 所示。

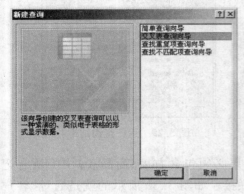

图 3.32   选择"交叉查询向导"   图 3.33   "交叉查询向导"对话框

（2）在"可用字段"中选择行标题为"商品 ID"添加到"选定字段"中，如图 3.34 所示。单击"下一步"按钮，定义"购买日期"为列标题显示字段，如图 3.35 所示。单击"下一步"按钮。

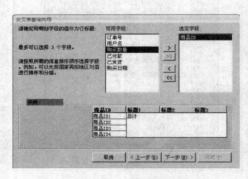 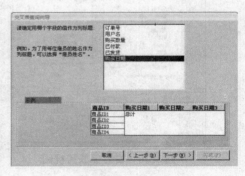

图 3.34   设置行标题   图 3.35   设置列标题

（3）由于选择了"购买日期"字段为列标题，所以需要设置日期类型的显示方式，这里选择的显示方式为"日期"，如图 3.36 所示。单击"下一步"按钮，设置交叉位置需要显示的值为"购买数量"，并勾选"是，包括各行小计"以统计购买数量总合，如图 3.37 所示。

（4）设置查询名称为"订单表 交叉表 日购买量分析"，如图 3.38 所示，单击"完成"按钮。浏览查找出来的数据如图 3.39 所示。

（5）由于查询出来的是"商品 ID"不够直观，所以我们给它做个联接查询。切换到设计视图，在设计视图中加入"商品表"并将"商品 ID"字段改为"商品名称"，如图 3.40 所示。修改完毕后切换回数据表视图，浏览数据如图 3.41 所示。

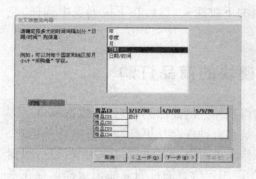

图 3.36　设置显示方式

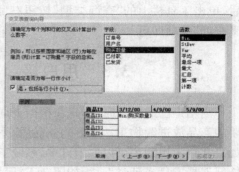

图 3.37　设置函数

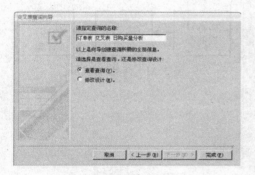

图 3.38　设置查询名称

图 3.39　浏览查找结果

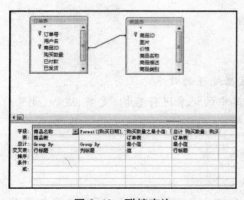

图 3.40　联接查询

图 3.41　浏览查询结果

任务总结

使用交叉表查询计算和重构数据可以简化数据分析。交叉表查询将用于查询的字段分成两组。如果想直接在视图窗口中创建交叉查询，可以在视图窗口打开后，单击工具栏上的"查询类型"按钮右侧的下拉箭头，然后在下拉列表中选择"交叉查询"选项即可。

3.3 用户接口模块的商品订购

当用户已经登陆时，客户在根据查询得到相应的商品列表后，可以选择自己需要的商品放进购物车。在订购商品后，系统会自动保存并更新购物车的订单信息。如果客户不想购买可以取消订单，系统工作人员可以及时得到订单更改信息，根据情况选择发货或延时发货，如图 3.42 所示。用户所有的订购商品记录都保存在系统数据库中供后台管理员分析，商品订购功能如图 3.43 所示。

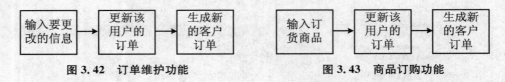

图 3.42   订单维护功能   图 3.43   商品订购功能

学习目标

- 操作查询；
- 追加查询；
- 设置查询条件；
- 更新查询；
- 删除查询。

能力目标

- 能够掌握各种操作查询公式，提升数据处理的效率；
- 能够利用各种操作查询快速对数据库中的记录进行查询、更新、追加、删除等操作。

任务一 追加查询

任务描述

当用户已经登陆时，客户在根据查询得到相应的商品列表后，可以选择自己需要的商品放进购物车。

　　追加查询用于将一个或多个表中的一组记录添加到另一个表的结尾,但是,当两个表之间的字段定义不相同时,追加查询只能添加相互匹配的字段内容,不匹配的字段将被忽略。追加查询以查询设计视图中添加的表为数据源,以"追加"对话框中选定的表为目标表。

任务实现

　　(1) 新建一个设计查询,将"客户表"中的"用户名"、"商品表"中的"商品名称""商品价格""购买数量"添加到查询字段,点击设计菜单栏中的"追加"按钮,如图 3.44 所示。打开追加查询对话框,如图 3.45 所示。

图 3.44　追加按钮　　　　　　　　图 3.45　追加查询对话框

　　(2) 在对应字段下的"条件"行单元格中,输入一个表达式,并在方括号内输入相应的提示,如图 3.46 所示。

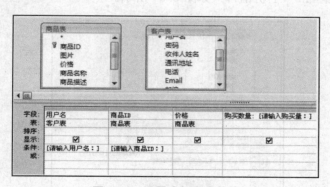

图 3.46　设置追加查询条件

　　(3) 单击"运行"按钮,打开"输入参数值"对话框,在文本框中依次输入参数。购买量为"2",如图 3.47 所示;用户名为"haoyu",如图 3.48 所示;商品 ID 为"16",如图 3.49 所示,即可得到如图 3.50 所示的查询结果。

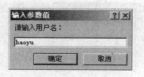

图 3.47　输入购买量　　　　图 3.48　输入用户名　　　　图 3.49　输入商品 ID

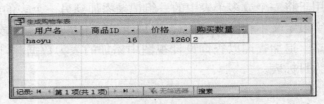

图 3.50　运行查询结果

任务二　更新查询

任务描述

节假日商城做活动，七折销售"数码相机"，可以通过添加某些特定的条件来批量更新数据库中的商品价格。

任务实现

（1）新建一个设计查询，将"商品表"中的"商品类别""价格"添加到查询字段，并设置"商品类别"的查询条件是"数码相机"类。点击设计菜单栏中的"更新"按钮 。查询设计器文本框中显示"更新到"，在"价格"字段的"更新到"文本中输入修改公式"价格 * .7"（七折销售），如图 3.51 所示。

图 3.51　设置条件

（2）单击"运行"按钮，弹出更新查询提示框如图 3.52 所示，点击按钮"是"将执行更新查询操作。

图 3.52　更新提示

（3）再次浏览"商品表"如图 3.53 所示，实现"商品类别"为"数码相机"的价格更新为原价的七折。

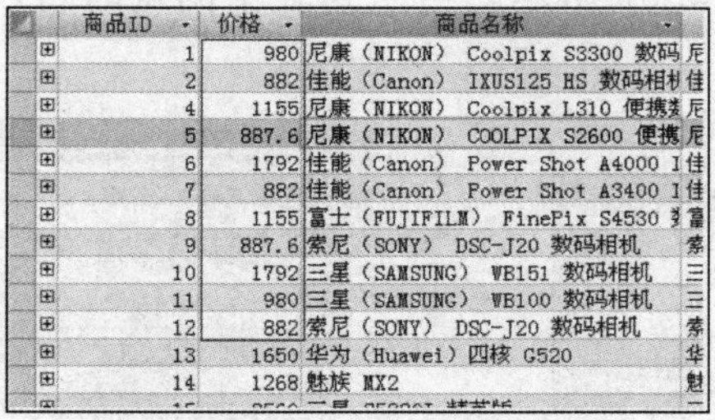

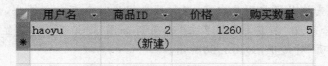

图 3.53　运行查询显示更新结果

任务三　删除查询

任务描述

用户可以清除购物车里的商品后重新开始选购商品。可以通过先查询此用户的"购物车表"中的信息，再将查询出来的记录删除来可以完成清空购车目的。

任务实现

（1）当前"购物车表"的记录如图 3.54 所示。

用户名	商品ID	价格	购买数量
haoyu	2	1260	5
*（新建）			

图 3.54　原始值

（2）新建一个设计查询，将"购物车表"中的"用户名"添加到查询字段，并设置"购物车表"的查询条件是"[请输入用户名]"。点击设计菜单栏中的"删除"按钮，查询设计器文本框中显示"删除"，如图 3.55 所示。

图 3.55　设置条件

（3）单击"运行"按钮，弹出"输入参数值"对话框，文本框输入用户名为"haoyu"，如图 3.56 所示，点击"确定"按钮将执行删除查询操作。在弹出的删除提示框中单击"是"，如图 3.57 所示。当回到表中浏览时可以发现记录已经被删除了，如图 3.58 所示。

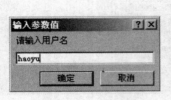

图 3.56　输入用户名

图 3.57　运行删除

图 3.58　浏览结果为空表

使用操作查询必须启用此内容：在打开数据库时会有安全警告，如果需要使用操作查询，则必须在"消息栏"上单击"选项"，如图 3.59 所示，将显示"Microsoft Office 安全选项"对话框，如图3.60所示。

图 3.59

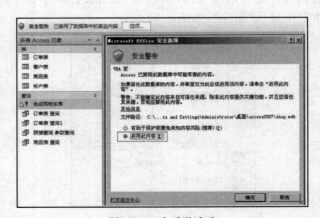

图 3.60　启动此内容

单击"启用此内容",然后单击"确定"。再次运行查询,即可使用操作查询功能。

3.4 用户接口模块的订单维护

Access 的交互查询不仅功能多样,而且操作简单。实际上,这些交互查询功能都有相应的 SQL 语句与之对应,当在查询设计视图中创建查询时,Access 将在后台生成等效的 SQL 语句;当查询设计完成后,就可以通过"SQL 视图"查看对应的 SQL 语句。

然而对于某些特定的查询如传递查询、联合查询和数据定义查询,都不能在查询设计视图中创建,而必须直接在"SQL 视图"中编写 SQL 语句。

客户订购商品后可查询其订单的状态(包括处理中、发货中、缺货中和已完成),可对订单进行添加、删除和修改操作。客户的订单维护信息也被保存在系统数据库中供管理员分析。销量最多或是排名最高的商品类别中取前十位的商品品牌放在商品大类页面的搜索导航的前面。订单维护功能如图 3.42 所示。

学习目标

- 熟悉 SQL 查询、SQL 视图;
- 运用 SELECT、INSERT、UPDATE、DELETE 实现查、增、改、删。

能力目标

- 能够熟练掌握 SQL 查询中的查、增、删、改;
- 能够依据具体要求灵活适用 SQL 查询。

任务一 SELECT 查询:SELECT ＊ FROM 订单表

任务描述
查询订单表中所有订单信息。

任务分析
用 SQL 语句查询表有固定的格式: SELECT 字段 FROM 表名 WHERE 条件。所有字段可在 SQL 语句中都列出来,也可使用"＊"代替。

任务实现
(1) 新建或打开一个查询,然后选择"视图"|"SQL 视图"命令,如图 3.61 所示,切换到"SQL 视图"窗口。默认的 SQL 代码如图 3.62 所示。

图 3.61 SQL 视图

（2）在 SQL 视图中输入"SELECT ＊ FROM 订单表"，如图 6.63 所示。查询运行结果如图 6.64 所示。

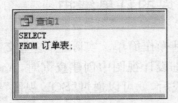

图 3.62　SQL 视图窗口

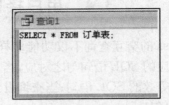

图 3.63　查询命令

图 3.64　查询结果

任务总结

不能直接打开"SQL 视图"，必须先创建查询，然后在视图中切换到"SQL 视图"。查询可以在"设计视图"和"SQL 视图"之间切换。有些复杂的 SQL 查询是无法切换到"设计视图"的。

相关知识

SQL 查询语句的一般格式是

SELECT［谓词］{＊|表名.＊|［表名.］字段 1［AS 别名 1］［,［表名.］字段 2［AS 别名 2］［,…］］}

FROM 表的表达式［,…］［IN 外部数据库］
［WHERE…］
［GROUP BY…］
［HAVING…］
［ORDER BY…］
［WITH OWNERACCESS OPTION］

下面将逐一介绍 SQL-SELECT 语句中的子句。SELECT 中的常用术语说明如表 3.1 所示。

表 3.1 SELECT 中的常用术语说明

术 语	说 明
谓词	包括 ALL、DISTINCT、DISTINCTROW 或 TOP。可以使用谓词来限定返回记录的数量。如果没有指定谓词,默认值为 ALL
*	选择所指定的表中的所有字段
表名	表的名称,该表包含了被选择的字段
字段 1、字段 2	字段名,这些字段包含了要检索的数据。如果包含多个字段,将按他们的排列顺序对其进行检索
别名 1、别名 2	用作标题的名称,不是表中的原始列名
表的表达式	表达式中包含要检索数据的表名
外部数据库	如果表达式中的表不在当前数据库中,则使用该参数指定其所在的外部数据库

1. SELECT 子句

最简单的 SQL 语句是:SELECT 字段 FROM 表名。在 SQL 语句中,可以通过星号"*"来选择表中所有的字段。如"SELECT * FROM 订单表"表示选择"订单表"表中的所有字段。

2. FROM 子句

FROM 子句是 SELECT 语句所必需的子句,不能缺少。表的表达式用来标识从中检索数据的一个或多个表。表达式可以是单个表名,保存的查询名或是 INNER JOIN、LEFT JOIN、RIGHT JOIN 产生的结果。

IN 外部数据库包含表的表达式中的所有表的外部数据库的完整路径。

3. WHERE 子句

WHERE 子句用来设定条件以返回需要的记录,条件的表达式跟在 WHERE 关键字之后。例如,"SELECT 用户名,收件人姓名,通讯地址 FROM 客户表 WHERE 用户名="haoyu"",如图 3.65 所示,显示查询的最终结果如图 3.66 所示。

4. GROUP BY 子句

GROUP BY 子句用来分组字段列表,将特定字段列表中相同的记录合成单个记录。GROUP BY 是可选的,最多有 10 个用于分组记录的字段名称。

在 SQL 视图中输入如图 3.67 所示的 SELECT 语句。单击"运行"按钮查看符合 GROUP BY 子句的所有记录,如图 3.68 所示,显示了分组查询各类商品的库存总量。

图 3.65　WHERE 语名

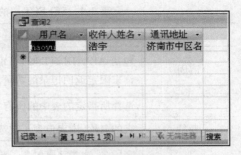

图 3.66　查询结果

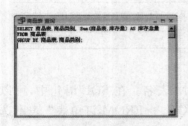

图 3.67　GROUP BY 子句

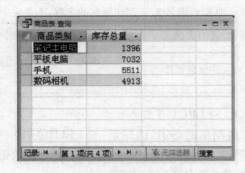

图 3.68　查询结果

5. HAVING 子句

在 GROUP BY 子句组合记录之后,HAVING 子句显示由 GROUP BY 子句分组的记录中满足 HAVING 子句条件的任何记录。HAVING 子句可以包含最多 40 个通过逻辑运算符(如 And 和 Or)连接起来的表达式,其语法是

　　　〔GROUP BY 字段列表〕
　　　〔HAVING 表达式〕

HAVING 子句与 WHERE 子句相似,WHERE 子句确定哪些记录会被选中,HAVING 子句确定哪些记录将被显示。

例如:要查询库存总量大于 5000 的商品类别,可以如图 3.69 所示建立 SQL 查询,查询结果如图 3.70 所示。

6. ORDER BY 子句

以升序或降序的方式对指定字段查询的返回记录进行排序。ORDER BY 是可选的,其语法是

［ORDER BY 字段 1［ASC｜DESC］［，字段 2［ASC｜DESC］］［，…］］］

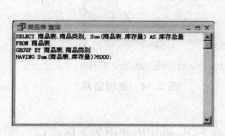

图 3.69　HAVING 子句

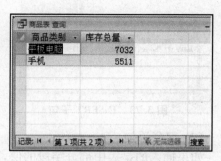

图 3.70　查询结果

默认的是升序排序（A～Z,0～9），若降序可以在排序的字段后面加 DESC 保留字。例如：将照相机类的商品按价格从高到低降序排序，如图 3.71 所示建立 SQL 查询。查询结果如图 3.72 所示。

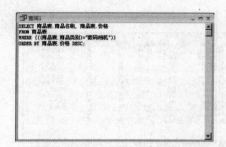

图 3.71　ORDER BY 子句

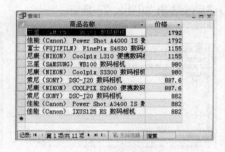

图 3.72　查询结果

任务二　INSERT 语句插入一条订单信息

任务描述

向"订单表"插入一条订单信息。

任务分析

使用 SQL 语言中的 INSERT 语句可以向数据表中追加行的数据记录。有完全添加和部分添加两种方式来追加新纪录。

任务实现

（1）完全添加

INSERT 语句最简单的语法格式如下：

　　［INSERT INTO 表名］

　　［VALUES（第一个字段值，…，最后一个字段值）］

来添加表中的所有记录。SQL 命令如图 3.73 所示,运行结果如图 3.74 所示。

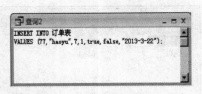

图 3.73   INSERT 子句   图 3.74   查询结果

（2）部分添加

如果插入的是表中部分字段的值,可以在 SQL 语句中使用如下格式:

[INSERT INTO

表名(字段 1,…,字段 N,…)]

[VALUES(第一个字段值,…,第 N 个字段值,…)]

SQL 语句代码如图 3.75 所示(注意:给文本类型字段复制需要用引号括起来),运行结果如图 3.76 所示。

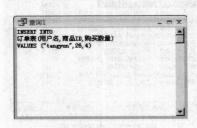

图 3.75   VALUSE 子句   图 3.76   插入结果

任务总结

完全添加时,VALUES 后面的字段值必须与数据表中相应字段所规定的字段数据类型相符,如果不想对某些字段赋值,可以用空值 NULL 替代,否则会产生错误。

在部分添加时,在关键字 INSERT INTO 后面输入所要添加的数据表名称,然后在括号中列出将要添加新值的字段的名称,最后在关键字 VALUES 的后面按照前面输入的列的顺序对应的地输入所有要添加的记录值。

任务三   UPDATE 语句更新订单的购买数量

任务分析

UPDATE 语句的格式是"UPDATE 表名 SET 字段＝值 WHERE 条件"。

任务实现

在 SQL 视图中输入"UPDATE 订单表 SET 购买数量＝3 WHERE 订单号＝67",

如图 3.77 所示。更新后运行结果如图 3.78 所示。

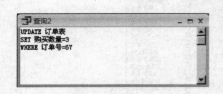

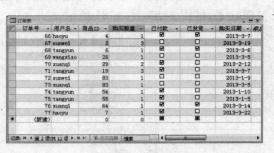

图 3.77　UPDATE 语句　　　　　　　　图 3.78　更新结果

任务总结

UPDATE 语句用来修改数据表中已经存在的数据记录,它的基本语法格式如下:

> [UPDATE 表名]
> [SET 字段 1＝值 1,…,字段 N＝值 N,]
> [WHERE<条件>]

这个语法格式的含义是更新数据表中符合 WHERE 条件的字段或字段集合的值。

任务四　DELETE 语句删除一条订单

任务分析

删除一条用户名为“sunwei”的订单记录,语句条件可以设为“WHERE 用户名＝′sunwei”。

任务实现

(1) 新建查询并切换到 SQL 视图,在 SQL 视图中输入语句,如图 3.79 所示。点击“运行”按钮执行删除操作。

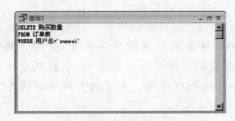

图 3.79　DELETE 语句

(2) 对比删除前后订单表的记录,不难发现用户名为 sunwei 的订单记录已经被删除了,如图 3.80、图 3.81 所示。

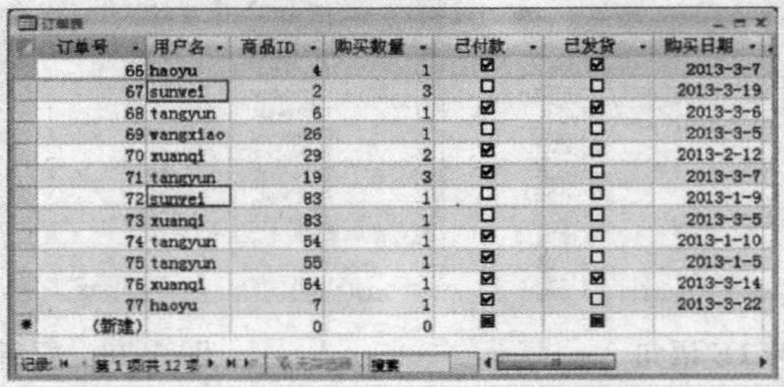

订单号	用户名	商品ID	购买数量	已付款	已发货	购买日期
66	haoyu	4	1	☑	☑	2013-3-7
67	sunwei	2	3	☐	☐	2013-3-19
68	tangyun	6	1	☑	☑	2013-3-6
69	wangxiao	26	1	☐	☐	2013-3-5
70	xuanqi	29	2	☑	☐	2013-2-12
71	tangyun	19	3	☑	☐	2013-3-7
72	sunwei	83	1	☐	☐	2013-1-9
73	xuanqi	83	1	☐	☐	2013-3-5
74	tangyun	54	1	☑	☐	2013-1-10
75	tangyun	55	1	☑	☐	2013-1-5
76	xuanqi	64	1	☑	☑	2013-3-14
77	haoyu	7	1	☑	☐	2013-3-22
(新建)		0	0			

图 3.80　原数据

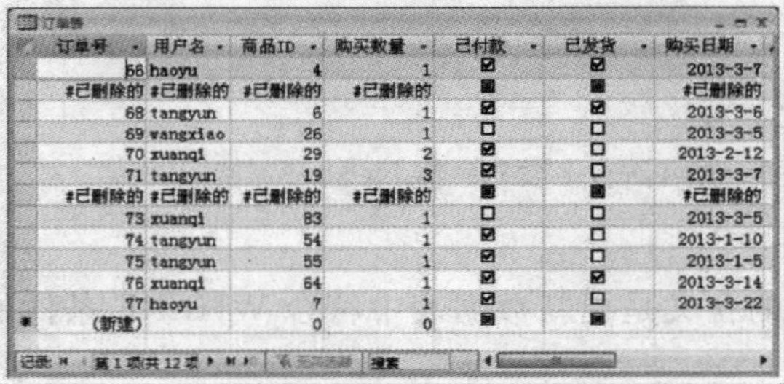

订单号	用户名	商品ID	购买数量	已付款	已发货	购买日期
66	haoyu	4	1	☑	☑	2013-3-7
#已删除的	#已删除的	#已删除的	#已删除的			#已删除的
68	tangyun	6	1	☑	☑	2013-3-6
69	wangxiao	26	1	☐	☐	2013-3-5
70	xuanqi	29	2	☑	☐	2013-2-12
71	tangyun	19	3	☑	☐	2013-3-7
#已删除的	#已删除的	#已删除的	#已删除的			#已删除的
73	xuanqi	83	1	☐	☐	2013-3-5
74	tangyun	54	1	☑	☐	2013-1-10
75	tangyun	55	1	☑	☐	2013-1-5
76	xuanqi	64	1	☑	☑	2013-3-14
77	haoyu	7	1	☑	☐	2013-3-22
(新建)		0	0			

图 3.81　删除后结果数据

任务总结

DELETE 语句用来删除数据表中的记录,基本语法格式如下:

[DELETE 字段][FROM 表名][EHERE<条件>]

该语句的意思是删除数据表中符合 WHERE 条件的记录。与 UPDATE 语句类似,DELETE 语句中的 WHERE 选项是可选的,如果不限定 WHERE 条件,DELETE 语句将删除数据表中的所有记录。

习题

本章从单表查询和联接查询这两种查询入手,介绍了选择查询的创建方式。其中设置查询条件、设置查询字段以及交叉查询、参数式查询是本章重点。用户应在学习完本章后对这些知识加以巩固。本章的上机练习将在“samp2. mdb”数据库中创建查询。

samp2. mdb 里面已经设计好三个关联表对象“tStud”、“tCourse”、“tScore”和表对象“tTemp”,试按以下要求完成设计:

　　(1) 创建一个选择查询,查找并显示没有摄影爱好的学生的"学号"、"姓名"、"性别"和"年龄"四个字段的内容,所建查询命名为"qT1";

　　(2) 创建一个查询,查找学生的成绩信息,并显示为"学号"和"平均成绩"两列内容,其中"平均成绩"一列数据由统计计算得到,所建查询命名为"qT2";

　　(3) 创建一个选择查询,查找并显示学生的"姓名"、"课程名"和"成绩"三个字段的内容,所建查询命名为"qT3";

　　(4) 创建一个更新查询,将表"tTemp"中"年龄"字段值加 1,并清除"团员否"字段的值,所建查询命名为"qT4"。

第4章　开发用户界面——窗体

对于一个数据库应用系统来说,负责其研发的是数据库开发团队,而日常使用的人则被称为用户。前面几章中关于表、查询等知识的学习,更多的是用于数据库开发团队要负责搭建的后台骨架;而本章我们要学习的窗体对象则用于数据库开发团队负责搭建的 Access 数据库应用系统的前台——即提供给用户操作最主要的人机界面。因此,窗体设计的好坏直接影响 Access 数据库应用系统的友好性和可操作性。本章主要介绍窗体的类型、窗体视图、创建各种窗体的一般方法、窗体属性的设置以及使用窗体自定义用户界面等知识。

4.1　创建和设计窗体

在 Access 2007 中创建窗体的方法主要有三种:利用"使用窗体"、"窗体向导"和"设计视图"来创建窗体。在本节中将通过任务法对以上方法进行详细讲解。

学习目标

- 认识窗体;
- 创建窗体。

能力目标

- 能够灵活使用三种方法创建窗体。

任务一　利用"使用窗体"创建"订单窗体"

任务描述

在"shop"数据库中以表对象"订单表"为数据源,利用"使用窗体"创建一个窗体来显示订单表内容,并将其命名为"订单窗体"。

任务分析

窗体作为 Access 中的一个对象,其创建方法与前面章节中介绍的其他数据库对象如表、查询等的创建方法基本相同。这里的"使用窗体"创建类似于老版本中的"自动窗体"功能,即选择一个源表,直接给出结果窗体。

任务实现

（1）启动 Access 2007 应用程序,打开"shop"数据库。在导航窗格中选择"订单表"作为源表,如图 4.1 所示。

（2）单击"创建"选项卡的"窗体"组中的"窗体"按钮,弹出基于"订单表"所设计的窗体,如图 4.2 所示。

图 4.1 选定数据表

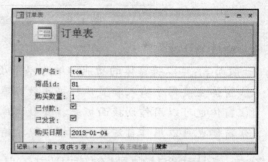

图 4.2 创建完毕的订单窗体

任务总结

利用"使用窗体"这种方式来创建窗体,是最简单、方便地创建窗体的方法。一般简单的窗体可以用该方法创建。通过这个简单任务,读者应该对什么是窗体有了直观的理解。

 相关知识

1. 窗体的类型

在数据库应用系统中,窗体主要有数据交互式窗体和命令选择型窗体两种。任务一中所创建的订单表窗体属于数据交互式窗体。

数据交互式窗体在窗体中显示数据源的信息,用于数据维护和编辑,其数据源来自一个或多个表或查询。如图 4.2 所示的是基于"订单表"数据表的数据交互式窗体,利用该窗体可以浏览有关订单的基本信息,并可以对这些信息进行编辑,也可以向数据源添加新记录。

命令选择型窗体用于组织应用程序,例如,可以在窗体中放置若干命令按钮,并分别赋予"打开窗体""打印报表""退出窗体"等功能。通过这些按钮,用户可以与系统进行各种交互,从而完成系统控制转移的功能。如图 4.3 所示的是一个用

于组织和管理"shop"数据库的命令选择型窗体。

图 4.3　命令选择型窗体

2. 窗体的功能

一般而言,可以将窗体的功能归纳为以下几点:

① 窗体主要用于输入和显示数据的数据库对象;

② 窗体也可以用作切换面板来打开数据库中的其他窗体和报表;

③ 窗体也可以用作自定义对话框来接收输入及根据输入执行操作。

任务二　利用"窗体向导"创建"用户信息窗体"

任务描述

在"shop"数据库中以表对象"用户表"为数据源,利用"窗体向导"创建一个窗体来显示"用户表"内容,并将其命名为"用户信息窗体"。

任务分析

前面已经学习了如何使用向导来创建表和查询,所以读者应该对向导功能不陌生。通过此任务我们再来研究如何使用向导创建窗体。

任务实现

(1) 启动 Access 2007 应用程序,打开"shop"数据库。在"创建"选项卡中单击"窗体"组的"其他窗体"选项,在弹出的菜单中选择"窗体向导",如图 4.4 所示。

(2) 在弹出的"窗口向导"对话框中选择"用户表"作为数据源,在"可用字段"里选择需显示在窗体中的相关字段移至"选定字段",如图 4.5 所示。

(3) 单击"下一步"按钮打开下一个界面,这一步骤是为了确定窗体使用的布局,有四种选择:"纵览表"、"表格"、"数据表"和"两端对齐"。这里选择默认设置"纵览表",如图 4.6 所示。

(4) 单击"下一步"按钮打开下一个对话框,在这个步骤中将选择窗体所用的样式。默认选择为"办公室"样式,保持默认设置不变,即选择"办公室"样式,如

图 4.4 数据库窗口

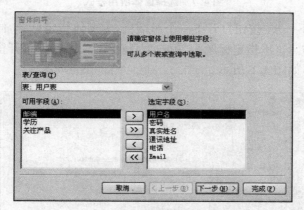

图 4.5 选择数据源和字段

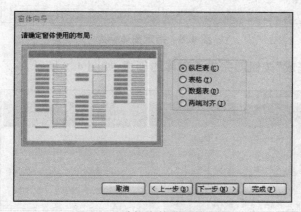

图 4.6 选择窗体使用的布局

图 4.7 所示。

图 4.7　选择窗体所用样式

（5）单击"下一步"按钮打开下一个对话框，为窗体指定标题，同时选择完成窗体创建后的操作。这里指定标题为"用户信息窗体"，并选择"打开窗体查看或输入信息"单选按钮，如图 4.8 所示。

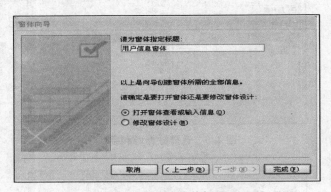

图 4.8　指定窗体标题

（6）单击"完成"按钮即完成了窗体的创建，如图 4.9 所示。

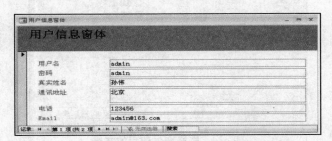

图 4.9　创建完成的"用户信息窗体"

任务总结

使用"窗体向导"创建窗体也是一种简单地创建窗体的方法。在这种创建窗体的方法中,用户只需选择数据源、相关字段及窗体样式即可创建窗体。利用"使用窗体"和"窗体向导"这两种方式创建的窗体往往不能满足实际使用的需要,这时就需要使用设计视图来灵活设计窗体。在下一个任务中将介绍使用设计视图创建窗体的方法。

任务三　使用"设计视图"创建"订单表窗体"

任务描述

在此任务中,我们以"shop"数据库中的"订单表"为数据源,利用"设计视图"创建一个窗体来显示"订单表"内容,并将其命名为"订单表窗体"。

任务分析

使用"设计视图"创建窗体,有两种方式:第一种是利用"使用窗体""窗体向导"先创建,然后在"设计视图"里修改;第二种是直接用"设计视图"创建。在本任务中,我们将研究第二种方式。

任务实现

(1)启动 Access 2007 应用程序,打开"shop"数据库。在"创建"选项卡中单击"窗体"组的"窗体设计"选项,Access 2007 将在"设计视图"中显示窗口,如图 4.10所示。

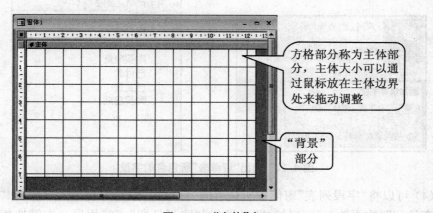

图 4.10　"窗体"窗口

(2)用鼠标右键单击背景区域,在弹出菜单中选择"属性"选项,单击"数据"选项卡,在"记录源"下拉列表中选择"订单表"作为窗体数据来源,如图 4.11所示。

(3)单击"工具"组中的"添加现有字段"按钮,将调出"字段列表"窗体,如

图 4.12 所示。

图 4.11 选择"订单表"作为数据源

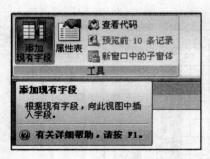

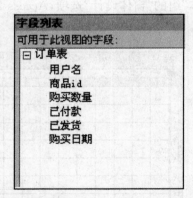

图 4.12 调出"订单表"所包含的字段

（4）可以将"字段列表"窗体中所显示的"订单表"中需要显示的字段，如"用户名""商品 id""购买数量""已付款""已发货""购买日期"直接用鼠标左键拖拽到窗体设计部分，并根据需要调整控件的位置，最后将该窗体保存为"订单表窗体"，如图 4.13 所示。

（5）通过单击"视图"下拉菜单中的"窗体视图"按钮或者在窗体标题栏上右键单击后在出现的快捷菜单中选择"窗体视图"，即可在窗体视图模式下浏览窗体，如

图 4.14 所示。

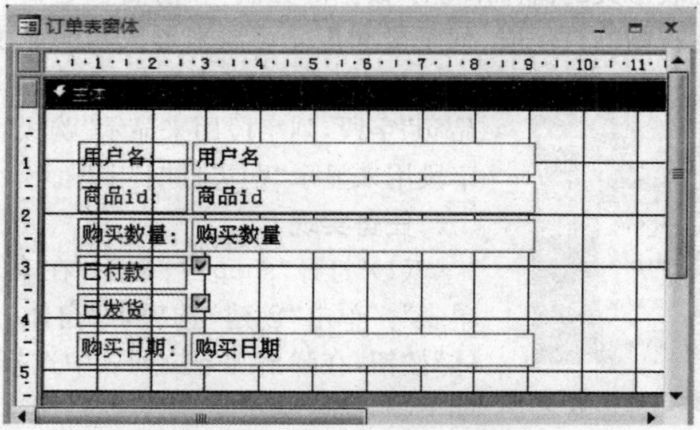

图 4.13　拖动字段到窗体

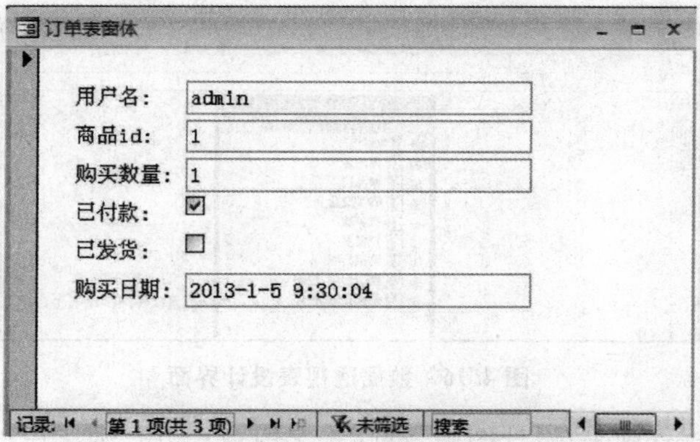

图 4.14　订单表窗体

任务总结

　　用"设计视图"创建窗体涉及控件的使用和调整,在后面的任务中将详细介绍控件的知识。

任务四　创建数据透视表窗体和数据透视图窗体

任务描述

　　在此任务中,我们仍以"shop"数据库中的"订单表"为数据源,利用创建"数据透视表"向导创建一个窗体以形成新的方式显示数据记录,并将其命名为"订单表数据透视表窗体"。

任务分析

以数据透视表形式的窗体来显示数据的方法，和前面章节中学习过的交叉表类似。通过指定视图的行字段、列字段和汇总字段来形成新的显示数据记录。在本任务的数据透视表窗体中，行字段用来显示"商品id"字段，列字段用来显示"购买日期"字段，筛选字段用来显示"购买日期"字段。

图 4.15　选定"数据透视表"选项

任务实现

（1）打开"shop"数据库，在表对象中选择"订单表"。单击"创建"选项卡"窗体"组中的"其他窗体"按钮，在弹出的下拉列表中选择"数据透视表"，如下图 4.15 所示。

（2）单击"数据透视表"，弹出如图 4.16 所示窗体。

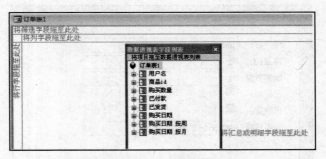

图 4.16　数据透视表设计界面

（3）在"数据透视表"设计图中，将筛选字段、行字段、列字段以及明细字段拖动到图中相应的位置，如图 4.17 所示。

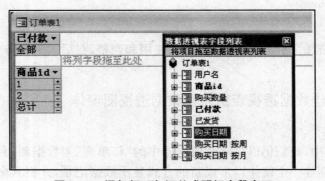

图 4.17　添加行、列、汇总或明细字段窗口

（4）单击"设计视图"按钮，返回窗体设计视图，如图 4.18 所示。

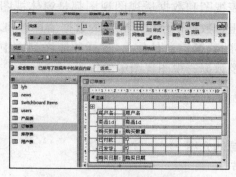

图 4.18 窗体设计视图模式

（5）将窗体另存为"订单表数据透视表窗体"即可。最终效果如图 4.19 所示。

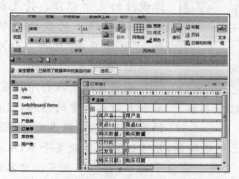

图 4.19 添加字段后的数据透视表视图

（6）数据透视图的制作与数据透视表的制作类似，将相关字段拖动到"数据透视图"设计视图的相应位置即可，效果如图 4.20 所示。

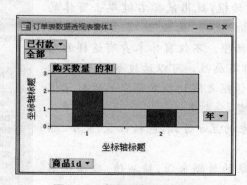

图 4.20 数据透视图效果图

任务总结

窗体的数据透视表视图和数据透视图视图都是窗体视图中的一种,这两种视图方式通过重新排列组合数据记录以形成新的数据信息。和之前学过的交叉表类似,关键是要清楚需要的数据信息是什么,这样才能做到心中有数,合理地安排字段在数据透视表视图及数据透视图视图中的位置。

 相关知识

窗体设计工作区域的介绍

(1) 设置窗体的节

窗体最多含有五个节:"主体"、"窗体页眉"、"窗体页脚"、"页面页眉"和"页面

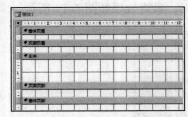

图 4.21 完整的窗体设计界面

页脚"。默认情况下,窗体的设计部分只显示窗体设计的主体部分。将光标置于主体部分单击右键,选择弹出的快捷菜单中的"窗体页眉/页脚"、"页面页眉/页脚",即可显示完整的窗体设计视图,如图 4.21 所示。

其中页面是指打印该窗体时的纸面,页面页眉和页面页脚中的信息,仅在该窗体打印或打印预览时有效,不能在窗体视图中显示。

窗体和节各有自己的选定器,用于选定窗体或某个节,从而调整节背景区的大小,以及显示属性表。要选定窗体中的节,可以单击节选定器或单击要选择的节下方所置控件外的背景区。要调整节的高度,可以在节附近移动鼠标指针,当鼠标指针变为十字形时,上下拖动鼠标指针即可。

(2) 设置窗体的属性

要显示"属性"对话框,就用鼠标右键单击窗体的空白处,在弹出的菜单中选择"属性"选项,则弹出如图4.22所示的"属性"对话框。不仅窗体本身有这样的对话框,每个控件和节都有属性。可以通过如图 4.22 所示方法在不同属性对话框之间切换显示。属性对话框共有四类属性可供调整,分别是:

① 格式:设置对象的显示方式,包括位置、大小、颜色、标题及边框等;

② 数据:设置对象的数据来源、缺省值、数据规则和输入掩码等;

③ 事件:设置当对象遇到什么触发(如按钮被按

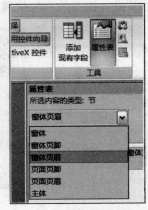

图 4.22 "属性"对话框

下）时，执行什么操作；

　　④ 其他：设置对象的一些其他属性，包括对象的名称等；

　　⑤ 全部：包括以上所有属性。

（3）调整窗体大小

　　要调整窗体的大小其实很简单，只需把鼠标的光标移动到窗体的边缘处，此时光标会变成双箭头的形状，这时按住鼠标左键来拖拽鼠标调整窗体的大小，满意以后松开鼠标左键即可。

4.2　使 用 控 件

　　控件是构成窗体的基本元素，可用于输入、编辑或显示数据。实际上，学习设计窗体在很大程度上就是学习如何使用控件。Access 2007 提供了多种控件，已经可以满足设计一个普通的管理信息系统的需要。本节将具体介绍控件在窗体中的应用。

学习目标

- 学会使用不同控件；
- 合理地设置控件属性。

能力目标

- 能灵活地使用控件设计窗体；
- 熟练地使用控件操作数据。

任务一　创建"商品信息介绍"窗体

任务描述

　　用设计视图和控件创建"商品信息介绍"窗体，通过窗体和控件的使用来展现商品的基本情况、详细介绍及进货信息，如图 4.23 所示。

图 4.23　"商品信息介绍"窗体

任务分析

如图 4.23 所示创建"商品信息介绍"窗体,创建此窗体需要用到"shop"数据库中的两张表,分别是"产品表"和"库存表"。在设计视图创建窗体模式下,分别使用标签、文本框、选项卡等控件完成窗体创作。

任务实现

(1) 打开"shop"数据库,在"创建"选项卡中单击"窗体设计"按钮,Access 2007将在设计视图中显示窗体的主体部分。

(2) 在"设计"选项卡"工具"组中单击"添加现有字段"按钮,使该按钮处于选中状态,此时,在 Access 2007 设计界面右侧将弹出"字段列表"对话框,如图 4.24所示。

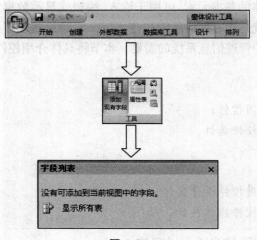

图 4.24

(3) 单击"显示所有表"按钮,系统将显示本数据库系统内的所有表,单击表名即可显示表中字段,如图 4.25 所示。

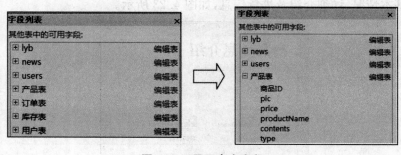

图 4.25 显示表中字段

（4）单击"控件"组中的标签控件按钮 ，使之处于选中状态。将光标放置到窗体设计部分，在窗体主体部分拖动鼠标，在出现的标签中输入文字"商品信息介绍"，如图 4.26 所示。

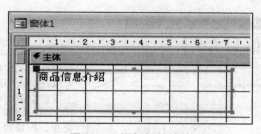

图 4.26　添加标签控件

（5）单击标签控件边缘线选中标签，单击鼠标右键，在弹出的快捷菜单中选择"属性"命令，如图 4.27 所示。

图 4.27　打开标签控件"属性"对话框

（6）系统弹出"属性"窗口，在"格式"选项卡中，设置字体为"宋体"，字号为"28"，前景色为"红色"。标签控件属性设置完毕，效果如图 4.28 所示。

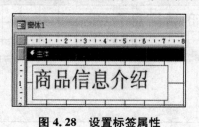

图 4.28　设置标签属性

(7) 单击"控件"组中的选项卡控件按钮 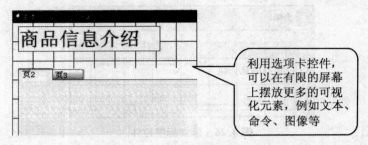，使之处于选中状态。将光标放置到窗体设计部分，在窗体主体部分拖动鼠标，则向主体添加一个选项卡控件，调整窗体和选项卡控件的大小和位置，默认情况下只含有两个选项卡，如图 4.29 所示。

利用选项卡控件，可以在有限的屏幕上摆放更多的可视化元素，例如文本、命令、图像等

图 4.29　添加选项卡控件

(8) 本任务需要三个选项卡，默认只含有两个选项卡，因而需再添加一个选项卡。选中选项卡控件，单击鼠标右键，弹出选项卡的快捷菜单，如图 4.30 所示。

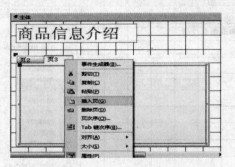

图 4.30　添加一选项卡页

(9) 单击"插入页"选项，则在选项卡中插入一页，变成含有三个选项卡。分别单击不同的标签可以打开不同的选项卡，此时，各选项卡窗口中都是空的，如图 4.31所示。

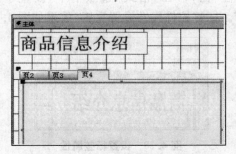

图 4.31　"页 4"添加完毕

（10）**修改"页 2"的标题。**选中"页 2"，单击鼠标右键，在弹出的快捷菜单中单击"属性"选项，打开"属性"窗口，在"格式"选项卡的"标题"文本框中输入"基本情况表"，如图 4.32 所示。

（11）**修改"页 3"的标题。**在"属性"窗口上方的下拉列表中选择"页 3"，在"格式"选项卡中将其"标题"设为"详细介绍"，如图 4.33 所示。

图 4.32　修改"页 2"的标题　　　　图 4.33　修改"页 3"的标题

（12）**修改"页 4"的标题。**在"属性"窗口上方的下拉列表中选择"页 4"，在"格式"选项卡中将其"标题"设为"进货信息"，如图 4.34 所示。

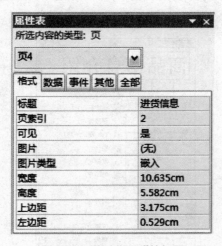

图 4.34　修改"页 4"的标题

（13）在"设计"选项卡"工具"组中单击"添加现有字段"按钮，使该按钮处于选中状态，设计界面右侧将弹出"字段列表"对话框，在该对话框中单击"产品表"前的

"十",将展开"产品表"。用鼠标左键将该表中的"商品 ID""price""productName""type"四个字段拖动到"基本情况表"页中,并挪动字段的位置使其对齐,使得布局美观,如图 4.35 所示。

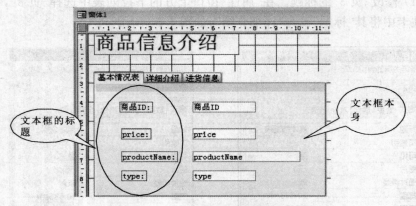

图 4.35　拖动字段到"基本情况表"页

（14）如图 4.35 所示,从"产品表"中将字段拖动到设计视图会同时产生文本框标题和文本框本身两项。读者在学习创建窗体时,要学会区分文本框标题和文本框本身各自的作用,以免混淆。

（15）鼠标单击打开"详细介绍"页,用鼠标左键将"产品表"中的"product-Name""contents"两个字段分别拖动到"详细介绍"页中,调整字段位置,如图 4.36 所示。

图 4.36　添加相关字段到"详细介绍"页

（16）调整"详细介绍"页中的两个控件位置，使其布局合理、美观，如图 4.37 所示。

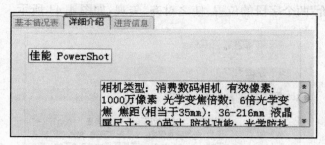

图 4.37 "详细介绍"页效果

（17）设置文本框控件的格式。单击选中"productName"文本框，鼠标单击右键，弹出该文本框的"属性表"，在"属性表"中设置文本框的"格式"，如文本框的"高度""宽度""背景色""字体名称""字号""文本对齐"等，如图 4.38 所示。

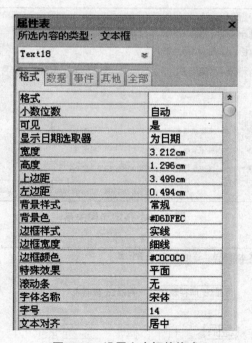

图 4.38 设置文本框的格式

（18）单击"视图"选项卡下的"窗体视图"，即可在窗体视图模式下浏览"详细介绍"页窗体，如图 4.39 所示。

（19）鼠标左键单击"进货信息"页，打开该页。单击"字段列表"对话框中"库

存表"前的"＋"，展开"库存表"。将该表中"商品 id""进价"两个字段依次拖动到
"进货信息"页中。系统会要求匹配"库存表"与"产品表"，如图 4.40 设置。调整
"商品 id""进价"两个字段的位置，使之对齐、美观，如图 4.41 所示。

图 4.39　"详细介绍"页窗体

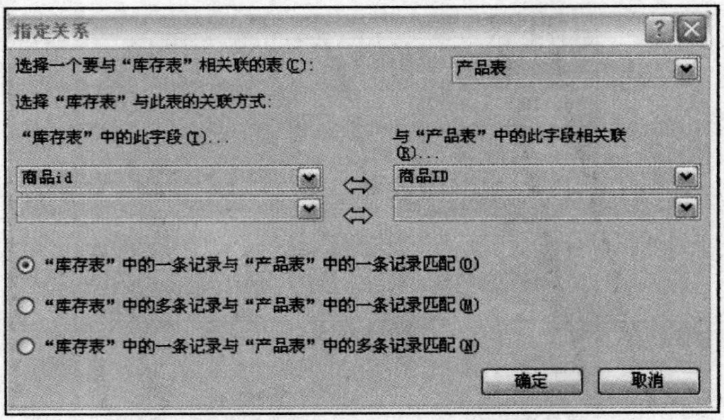

图 4.40　指定表间关系

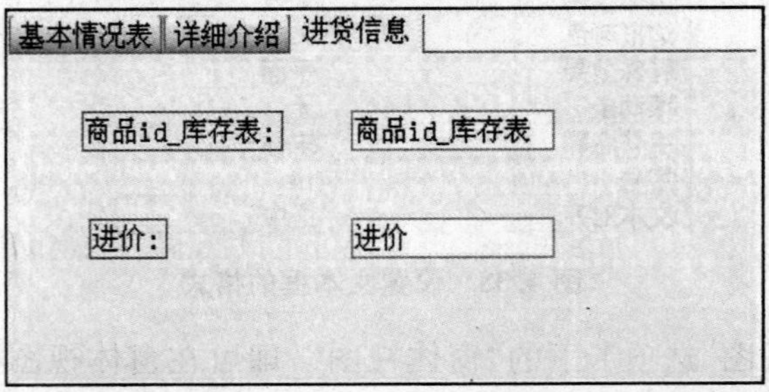

图 4.41　拖动相关字段到"进货信息"页

（20）右键单击窗体标题栏，在弹出的快捷菜单中选择"窗体视图"，进入"进货信息"页，用窗体视图模式浏览窗体，如图 4.42、图 4.43 所示。

图 4.42　选中"窗体视图"

图 4.43　窗体视图下的"进货信息"页

（21）任务制作完成。

任务总结

任务一主要涉及使用选项卡控件、标签控件、文本框控件来制作窗体，同时，本任务为读者介绍了查看控件属性、修改控件属性的方法。读者学习了本任务后，应该对如何使用控件制作窗体有了深入的了解。

相关知识

1. 窗体设计的控件

控件是窗体上的图形化对象，如文本框、复选框、滚动条或命令按钮等，用于显示数据和执行操作。Access 2007 将控件集中放置在"设计"选项卡的"控件"组中，有别于 Access 2003 将控件放置于工具箱中，如图 4.44 所示。当鼠标指向某一个图标时,停留一会儿就会显示出该图标所代表的控件的名称。主要控件的功能如表 4.1 所示。

图 4.44　工具按钮

表 4.1　主要控件的功能

按钮	名称	功能说明
ⓘ 选择	选择对象	默认工具,使用该工具可对现有控件进行选择、调整大小、移动和编辑
ⓘ 使用控件向导	控件向导	用来激活"控件向导"。"控件向导"可帮助新建的控件输入控件属性。默认情况下该按钮是处于选中状态,如不需要"控件向导",可单击取消
Aa	标签	用来创建包含固定文本的标签控件
ab	文本框	用来创建文本框控件以显示文本、数字、日期、时间和备注等字段
ᴺᵛᶻ	选项组	用来创建选项组控件,其中包含一个或多个切换按钮、选项按钮或复选框
≝	切换按钮	当表格内数据参数具有逻辑性选项时,用户可以使用该工具配合数据的输入
◉	选项按钮	与"切换按钮"类似,用于输入有逻辑性选项的参数数据,可以使得数据输入更加方便。此外,它也可以作为定制对话框或选项组的一部分
☑	复选框	适合于逻辑数据的输入,当它被设置时,值为 1;被重设时,值为 0。另外,也可以将其作为定制对话框或选项组的一部分使用
🗒	组合框	用来创建包含一系列控件潜在值和一个可编辑文本框的组合框控件
🗒	列表框	用来创建包含一系列控件潜在值的列表框控件

续表

按钮	名称	功能说明
xxxx	命令按钮	用来创建能够激活宏或 Visual Basic 过程的命令按钮控件
	图像	用来在窗体中放置静态图片
	未绑定对象框	用来添加一个来自其他应用程序的对象,但该程序必须支持对象链接与嵌入
	绑定对象框	用来在窗体中使用来自基本数据的 Active X 对象
	分页符	用来在多页窗体的页间添加分页符
	选项卡控件	用来在窗体中创建一系列选项卡。每页可以包含许多其他的控件以显示信息
	子窗体/子报表	用来在当前窗体中嵌入另一个窗体
	直线	用来向窗体中添加直线以增强外观
	矩形	用来向窗体中添加填充的或空的矩形以增强外观

2. 窗体的基本设置

在创建窗体的过程中,常需要对窗体中的控件进行调整,对窗体布局进行设计,体现出窗体对象操作灵活、界面美观等特点,更好地实现人机交互的功能。

1) 调整控件的位置和大小

(1) 移动控件

从之前创建窗体的过程可以看到,在向导生成的窗体中,控件的位置都是自动排列的,有时显得很不合理,需要修改。可以在创建完毕后,在设计视图中修改、移动它们。移动控件很简单,步骤如下:① 用鼠标单击要移动的控件,会发现它的周围加上了几个黑色的小方块,其中左上角的方块比较大一些。这表示该控件被选中了,现在可以用鼠标或者键盘移动该控件了。② 移动控件主要有三种方法:

• 如果用鼠标移动,可以在该控件上微调光标的位置,当光标变成一个十字箭头状时,按住鼠标左键,移动鼠标拖动该控件到指定的位置,释放左键即可。

• 另一种使用鼠标移动的方法是把光标移到左上角的黑色方块上,光标会变成十字箭头形状,按住鼠标左键,移动鼠标拖动该控件到指定的位置,释放左键即可。

　　● 用键盘移动控件更方便,只要选中控件后,用"ctrl"键加方向键就可以移动控件了。

　　(2) 改变控件大小

　　有时候在使用控件时,需要改变控件大小。例如,自动生成的文本框的大小有时候很不合理,这就需要在设计视图中对它们的大小进行修改。任务实现如下:用与前面类似的方法选中要改变大小的控件,移动鼠标光标到该控件边缘处的黑色小方块处,会发现光标变成了双箭头的形状,这时按住鼠标左键,移动鼠标就可以改变控件的大小,当达到满意的大小时松开左键即可。

　　2) 多个控件的对齐和排列

　　在调整了控件的大小和位置以后,为了界面的美观还应该使所有的控件能够整齐排列。方法是:同时选择要排列的多个控件后,单击鼠标右键,在弹出的快捷菜单中选择"对齐子菜单"的选项即可。

　　同时选中几个控件有两种方法:

　　● 用与前面类似的方法选中了一个控件以后,按住"shift"键,再继续选择其他的控件。

　　● 直接用鼠标在窗体上拖动出一个方框,在方框内的控件都被选中。拖动出方框的方法也很简单,就是在左上角按住左键,移动鼠标直到应该选中的控件都被选中后,释放左键即可。

　　3. 标签和文本框的使用

　　1) 使用标签

　　首先要介绍的是"标签"控件。向窗体上添加"标签"控件的步骤如下:

　　① 单击"控件"组中的"标签"按钮,则光标会变成一个左上角有个加号的A字。

　　② 将光标放在要放置标签的位置的左上角,按住鼠标左键,移动鼠标直到适当的大小,释放左键即可。

　　③ 输入标签的内容,比如本任务中的"商品信息介绍"。

　　④ 还可以激活该标签的属性页,修改"字体大小""字体名称"等属性。

　　2) 使用文本框

　　文本框控件的操作相对于标签要稍微复杂一些,但还是大致相同的。当放置一个文本框到窗体上时,同时也就放置了它的标题。

　　(1) 添加文本框

　　向窗体上添加一个文本框的方法与添加标签的操作是类似的,这里就不再赘述。

（2）移动文本框

可以同时移动标题和文本框，也可以分别移动它们。用鼠标左键单击选中它们，再单击拖动到目标位置即可。

（3）建立可计算文本框

可计算文本框可以用来显示合法的 Access 表达式的计算结果。下面来建立一个显示当前日期的文本框，步骤如下：

① 添加一个文本框到窗体上。

② 激活标题的"属性"对话框，把"标题名称"改为"今天的日期"。

③ 在文本框本身的"属性"对话框中的"控件来源"内输入"＝Date()"，以显示当前的系统日期。

④ 调整文本框的位置和大小。

⑤ 单击"窗体视图"按钮即可看到该文本框显示了当前系统日期，如图 4.45 所示。

图 4.45　可计算文本框显示系统时间

4. 设置文本框属性

无论采用哪种方式创建文本框，都需要设置某些属性，以使文本框按要求的方式工作和显示。下面列出几个较为重要的常用文本框属性。

（1）名称

通常来讲，数据库开发人员应该为文本框指定一个有意义的简短名称，以便可以很容易地判断它包含什么数据。这样的话，在后续数据库的开发过程中，可以很容易地在其他文本框使用的表达式中引用该文本框。一些数据库开发人员喜欢为文本框添加前缀（如 txt），以便可以很好地将文本框与其他类型的控件区分开来。例如，txtAddress。

（2）控件来源

该属性决定了文本框是未绑定文本框、绑定文本框还是计算文本框。

① 如果"控件来源"属性值是表中字段的名称，则说明文本框绑定到该字段，即文本框显示该字段内容。如本节任务中窗体的"基本情况表"页中"商品 ID"文本框的控件来源为 控件来源　　商品ID 。

② 如果"控件来源"属性值为空白，则文本框是未绑定文本框。

③ 如果"控件来源"属性值是表达式,则文本框是计算文本框。如上文中提到的显示系统时间的文本框,其控件来源为 控件来源   =Date() 。

（3）文本格式

如果文本框绑定到"备注"字段,则可以将"文本格式"设置为"格式文本"。这样,您便可以向文本框中包含的文本应用多种格式样式。例如,可以向一个单词应用加粗格式,而向另一个单词应用下划线格式。

本节任务中制作的"商品信息介绍"窗体的"详细介绍"页中"contents"文本框,其数据类型即为备注型,读者可以自行练习设置。

（4）可以扩大

此属性对于绑定到"文本"或"备注"字段的文本框尤其有用,默认设置为"否"。如果文本框中要打印的文本过多,文本将会被截断(剪切)。然而,如果将"可以扩大"属性设置为"是",文本框就会自动调整其垂直大小,以便打印或预览的时候显示它包含的所有数据。

任务二   使用窗体操作记录

任务描述

公司新增加了一个产品信息,具体情况见表 4.2。现请将该信息输入数据库中。

表 4.2

商品 ID	price	productName	type	contents
4	3499	惠普 g4—2221TX	笔记本	外观比较好看;澳蓝特新的扬声器效果还好,但最大音量的时候有点爆音;I5 处理器,还可以;7670 显卡玩 LOL NFS16 还可以,大型游戏一定要注意散热

任务分析

将数据信息添加进数据库,可以通过表对象和窗体对象两种方式来实现。数据库管理者大都通过表对象来实现数据管理,而作为一般的数据库使用者,更多地是通过人机交互界面——窗体来实现数据管理。本任务就将通过"商品信息介绍"窗体将表 4.2 中的数据输入"产品表"中。在输入表 4.2 中的记录前,要确保"库存表"中有"商品 ID"为"4"的记录。

任务实现

（1）打开"商品信息介绍"窗体,单击窗体下方的新(空白)记录按钮，出现空白窗体,待用户输入记录,如图 4.46 所示。

图 4.46　待用户输入新记录

（2）将表 4.2 中的记录输入窗体,输入完毕"产品表"中即多了一条记录,如图 4.47、图 4.48、图 4.49 所示,实现了使用窗体输入记录到表的功能。

图 4.47　输完记录后的"基本情况表"页

图 4.48　输完记录后的"详细介绍"页

图 4.49　产品表同时新增了一条记录

（3）通过以上两个步骤就可以完成本任务的创作。

改进与提高

1. 使用组合框控件

在"使用窗体"中输入"type"字段值"笔记本"时,可能会出现不同的工作人员输入的值不同,比如"笔记本电脑""电脑""微机"等名称,这种不统一的输入方式,会造成日后统计数据的困难。为有效解决这一问题,可以将 type 文本框换成组合框,以达到数据统一,提高工作效率,防止出错。任务实现如下:

（1）打开"商品信息介绍"窗体，切换到如图 4.50 所示的窗体设计视图界面。在该视图中选中"type"文本框控件，并按下"Delete"键将其删除，在确保"控件向导"按钮 使用控件向导 处于选中状态时，单击选中"组合框"按钮，并将"type"字段从字段列表拖动至窗体设计视图中，同时打开"组合框向导"对话框，如图 4.51 所示。

图 4.50　切换到设计视图

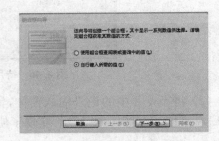

图 4.51　打开"组合框向导"对话框

（2）单击"下一步"按钮，在打开的对话框的"第一列"文本框中输入如图 4.52 所示的文字。

（3）单击"下一步"按钮，按照提示完成相应的设置，在需要设置组合框标签名称时，在向导对话框的"请为组合框指定标签"文本框中输入标签名称"type"即可。切换到窗体视图，此时添加的控件效果如图 4.53 所示。

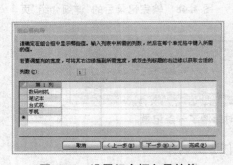

图 4.52　设置组合框向导的值

图 4.53　组合框控件效果

2. 使用列表框控件

窗体除采用组合框控件来减少重复输入数据的麻烦外，还提供了一个类似的控件——"列表框"来解决问题。列表框和组合框的不同之处在于，用户除了可以在组合框控件的列表中选择数据外，还可以输入其他数据。列表框的列表一直显示在窗体上，而组合框的列表是隐藏在下拉列表中的。现将"type"文本框换成列

表框显示数据,任务实现如下:

(1) 打开"商品信息介绍"窗体,切换到窗体设计视图界面。在该视图中选中"type"组合框控件,并按下"Delete"键将其删除,在确保"控件向导"按钮⚒使用控件向导处于选中状态时,单击选中"列表框"按钮▦,并将"type"字段从字段列表拖动至窗体设计视图中,同时打开"列表框向导"对话框。(因类似于组合框控件,故省去截图)。

(2) 单击"下一步"按钮,在打开的对话框的"第一列"中依次输入"数码相机""笔记本""台式机""手机"。

(3) 单击"下一步"按钮,按照提示完成相应的设置,在需要设置列表框标签名称时,在向导对话框的"请为列表框指定标签"文本框中输入标签名称"type"即可。切换到窗体视图,此时添加的控件效果如图 4.54 所示。

图 4.54　列表框控件效果

(4) 当需要修改或增加、减少列表框中的值时,在窗体设计视图模式下,单击选定"列表框",右键弹出快捷菜单,选中"编辑列表项",打开"编辑列表项目"对话框,如图 4.55 所示。

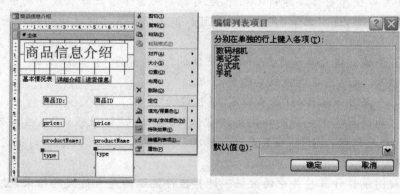

图 4.55　编辑列表项

(5) 在"编辑列表项目"对话框中,可以增加或减少列表项目,还可以设置列表框的默认值。

任务总结

任务二主要介绍了如何使用窗体输入记录以及组合框和列表框控件的使用等内容。在后面的相关知识部分,将展开介绍如何使用窗体操作数据。随着这部分内容的介绍,读者应对窗体的功能了解更深入、操作更灵活。

相关知识

使用窗体可以很方便地维护窗体所绑定的源表或查询的记录和数据。在"窗体视图"中可以执行的主要操作有：

- 操作记录，其中包含添加或删除记录，筛选、排序或查找记录等；
- 验证及限制数据。

1. 浏览记录

要修改窗体所绑定的源表或查询的数据，首先要定位到相应的记录，然后才能对数据进行操作。

在窗体左下角有个导航按钮，上面有六个工具按钮，利用这些工具按钮可以实现记录的定位以及新记录的添加。单击"第一条记录"按钮可将记录定位到源表或查询的第一条记录；单击"尾记录"按钮则将记录定位到源表或查询的最后一条记录；而单击"上一条记录"和"下一条记录"按钮，则可以分别将记录定位到当前记录的前一条和后一条记录；在中间的文本框中直接输入记录号可以快速定位到指定记录；单击"新记录"按钮可以直接向源表或查询中添加新记录。

2. 编辑记录中的数据

除了可以使用窗体添加新记录外，也可以利用窗体修改源表或查询中的数据。修改数据很简单，选定记录，直接修改即可。但是以下情况时进行的修改将是不可行的：

① 窗体被创建为只读方式。如果窗体的"允许删除"、"允许添加"和"允许编辑"属性设为"否"，则不能更改其绑定数据。

② 一个或多个控件的"是否锁定"属性设为"是"。

③ 可能还有其他用户同时使用该窗体，而窗体的"记录锁定"属性设为"所有记录"或"已编辑的记录"。如果是这种情况，可以在记录选定器中看到锁定的记录指示器的标志。

④ 视图编辑计算控件中的数据。计算控件显示的是表达式的结果，显示的数据并不存储，所以不能对其进行编辑。

⑤ 窗体所绑定的查询或 SQL 语句不可更新。

⑥ 不能在"数据透视表"和"数据透视图"中编辑数据。

3. 应用筛选选择记录

通常情况下，窗体可以显示源表或查询中的全部记录，但是如果用户仅仅需要其中的一部分记录，则可以利用窗体的筛选和排序功能。应用窗体进行筛选和排序时可以直接利用窗体显示筛选和排序的结果，而不必另外新建一个查询。另外，不仅可以对主窗体应用筛选，还可以对各个子窗体应用筛选。应用筛选后，用户在

窗体中浏览源表或查询记录时窗体中只显示与条件匹配的记录。

在窗体中可以使用的筛选方式有以下五种：

- **按选定内容筛选**
- **按窗体筛选**
- **内容排除筛选**
- **输入筛选目标筛选**
- **高级筛选/排序**

"按选定内容筛选"、"按窗体筛选"和"内容排除筛选"是筛选记录最容易的方法。如果已知被筛选记录包含的值，可使用"按选定内容筛选"；如果要从字段列表中选择所需的值，或者要指定多个条件，可使用"按窗体筛选"；"内容排除筛选"通过排除所选内容对记录进行筛选。若要通过排除所选内容进行筛选，可在数据表或窗体中选择一个字段或字段的一部分，然后单击"内容排除筛选"按钮。"输入筛选目标筛选"与"内容排除筛选"相对应，它是通过输入字段的某一部分来对记录进行匹配。对于更复杂的筛选可使用"高级筛选/排序"方式。

1）按选定内容筛选

任务描述

在"商品信息介绍"窗体中筛选出类型为"数码相机"的记录。

任务实现

（1）在"窗体视图"模式下打开"商品信息介绍"窗体。

（2）选中"type"文本框中的数据"数码相机"，然后单击"开始"选项卡"排序和筛选"组中的"选择"按钮，打开"选择"按钮下拉菜单，选择"等于"数码相机""。如图4.56所示。

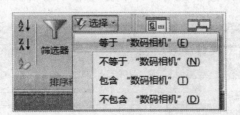

图 4.56　选择"等于"数码相机""选项

（3）选择"等于"数码相机""按钮后，窗体只会显示符合筛选条件的两条记录，如图 4.57 所示。

（4）当要取消筛选时，直接在窗体下方单击"已筛选"按钮 ▽ 已筛选 ，即可取消当前筛选。

2) 按窗体筛选

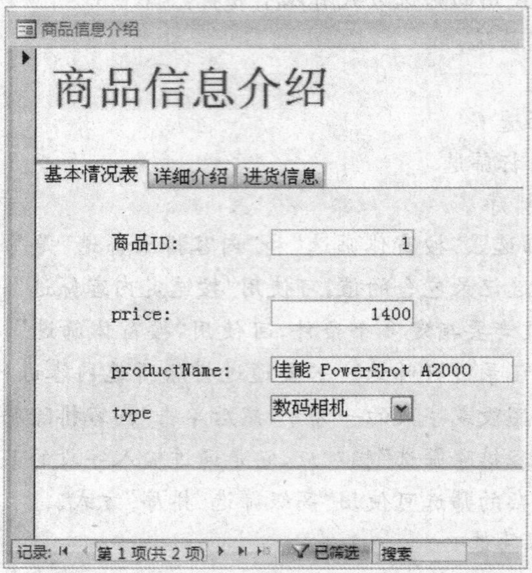

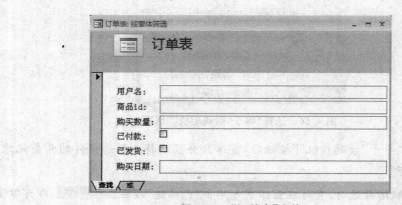

图 4.57　显示筛选结果

任务描述

在"订单表"窗体中筛选出"商品 id"为"1"并且已发货的记录。

任务实现：

（1）在"窗体视图"模式下打开"订单表"窗体。

（2）单击"开始"选项卡"排序和筛选"组中的"高级"按钮，打开"高级"按钮下拉菜单，选择"按窗体筛选"。此时，"订单表"窗体如图 4.58 所示。

图 4.58　"订单表"窗体

（3）在"商品 id"中选择"1"，单击"已付款"复选框，窗体如图 4.59 所示。

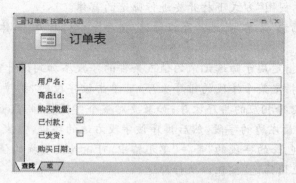

图 4.59 将筛选条件输入窗体中

（4）单击"开始"选项卡"排序和筛选"组中的"高级"按钮，打开"高级"按钮下拉菜单，选择"应用筛选和排序"。此时，窗体会显示符合条件的两项纪录，如图 4.60 所示。

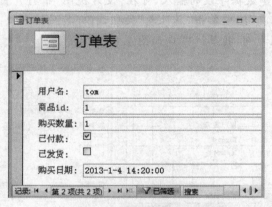

图 4.60 显示符合筛选条件的记录

3）输入筛选目标筛选

因篇幅有限，不再给出筛选的具体例子，只给出一般操作步骤。

使用"输入筛选目标筛选"方式筛选记录的步骤如下：

（1）在"窗体视图"方式下打开要进行筛选的窗体。

（2）用鼠标右键单击用于指定条件的字段，在快捷菜单的"筛选目标"文本框中输入被筛选记录包含的字段值，也可以输入表达式。

（3）按"Enter"键，Access 2007 开始筛选并关闭快捷菜单，筛选结束后将显示筛选结果。

4）高级筛选/排序

使用"高级筛选/排序"方式进行筛选的步骤为：

(1) 在"窗体视图"方式下打开要进行筛选的窗体。

(2) 单击"记录"菜单"筛选＞高级筛选/排序"命令，打开"窗体1筛选1：筛选"窗口。

(3) 将需要指定用于筛选记录的值或条件的字段添加到设计窗格中。

(4) 如果要指定某个字段的排序次序，可单击该字段的"排序"单元格，然后单击旁边的箭头，选择相应的排序次序；如果要对多个字段排序，Access 2007将首先排序设计窗格中最左边的字段，然后排序该字段右边的字段，依次类推。

(5) 在已经包含的字段的"条件"单元格中，可输入要查找的值或表达式。

(6) 单击"应用筛选"按钮以执行筛选。

4. 验证及限制数据

使用窗体可以输入数据，为了确保用户使用窗体输入数据的准确性，可以设置限制或者验证用户输入的数据。方法有三种：一是创建数据字段的输入；二是设置输入控件的有效性规则；三是锁定控件，从而限制用户对某些窗体输入新数据。

(1) 如果要创建数据字段的输入，可在"设计视图"中打开窗体，选定文本框或组合框，然后在"工具"组中单击"属性表"按钮，打开其属性窗口。以"订单表窗体"中"用户名"文本框为例，其属性窗口如图4.61所示。

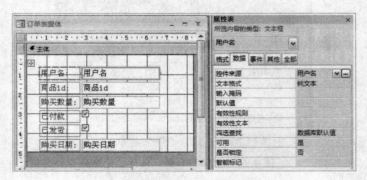

图 4.61　打开"用户名"属性窗口

在"输入掩码"属性框中，执行下列操作之一：

① 键入输入掩码的定义；

② 单击"输入掩码"属性框中的"生成器"按钮，打开"输入掩码向导"，然后根据向导对话框中的提示进行操作。

(2) 如果要设置输入控件的有效性规则，可在"设计视图"中打开窗体，选定控件，然后单击"工具"组中的"属性表"按钮，打开控件的属性表，在"有效性规则"属性框中执行下列操作之一：

①直接键入有效性规则;

②单击"生成器"按钮,使用"表达式生成器"创建有效性规则。为便于用户理解输入错误时的具体情况,可在生成器中输入自定义的错误信息。

(3)要锁定窗体或控件的属性,可在"设计视图"中打开窗体,选定相应的控件,然后单击"工具"组中的"属性表"按钮,打开其属性表,然后执行下列操作之一:

①如果要使控件完全无效,并且不能接受焦点,可将"可用"属性设为"否"。

②如果要使控件中的数据变成可读,不允许用户更改数据,可将"是否锁定"属性设为"是"。如果将"可用"属性设为"否",而将"是否锁定"属性设为"是",则控件不会变成灰色显示,但它不能接受焦点。

4.3　创建和使用主/子窗体

子窗体是插入到另一窗体中的窗体。原始窗体称为主窗体,主窗体可以包含一个或多个子窗体。主/子窗体也称为阶层式窗体、主窗体/细节窗体或父窗体/子窗体。创建子窗体有两种方法:一种是同时创建主窗体和子窗体,即将子窗体添加到已有的主窗体中;另一种方法是将已有的窗体添加到另一个窗体中,创建带有子窗体的主窗体。

学习目标

- 了解主/子窗体的功能;
- 创建和使用主/子窗体。

能力目标

- 熟练创建主/子窗体;
- 熟练使用主/子窗体查询数据。

任务　创建"产品表"主窗体和"订单表"子窗体

任务描述

为方便查看某一产品的售出情况,现需将"产品表"和"订单表"两个表的信息放置到一个窗体中,以方便通过窗体查看产品的销售情况。

任务分析

将两个表的信息放置到同一窗体中,可以借助主/子窗体来解决。创建方法有两种,将在任务实现中一一介绍。

任务实现

1. 方法一：同时创建主窗体和子窗体

（1）打开"shop"数据库窗口，在"创建"选项卡中单击"窗体"组中的"其他窗体"下拉菜单中的"窗体向导"选项，弹出"窗体向导"对话框，在"表/查询"列表中选择"产品表"选项，然后将"可用字段"列表中的"商品 id""price""productName"三个字段名添加进"选定字段"，如图 4.62 所示。

（2）继续从"表/查询"列表中选择"订单表"选项，并将除"用户名"字段外的所有字段添加到"选定字段"列表中，如图 4.63 所示。

图 4.62　选定主表及其字段　　　　　图 4.63　选定子表及其字段

（3）单击"下一步"按钮，在打开对话框中选中"纵栏表"单选按钮，如图 4.64 所示。

（4）继续单击"下一步"按钮，对话框将提示"确定所用样式"，保持默认选项"办公室"，如图 4.65 所示。

图 4.64　选定窗体布局　　　　　　　图 4.65　选定窗体所用样式

（5）单击"下一步"按钮，在"请为窗体指定标题"文本框中将窗体的标题命名为"有订单记录的产品窗体"，如图 4.66 所示。然后单击"完成"按钮，即可打开创建的主/子窗体,如图 4.67 所示。

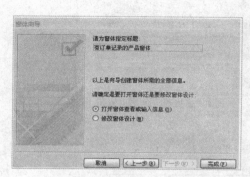

图 4.66　指定窗体标题

图 4.67　创建的主/子窗体效果

2. 方法二:在已有的窗体中插入子窗体

(1) 打开"shop"数据库,打开"产品表"窗体的设计视图窗口,在"控件向导"按钮处于选中状态下,单击"子窗体/子报表"按钮▣,在设计视图中绘制一个控件区域,释放鼠标,同时打开"子窗体向导"对话框,保持选中"使用现有的窗体"单选按钮,在窗体列表中选择"订单表"选项,如图 4.68 所示。

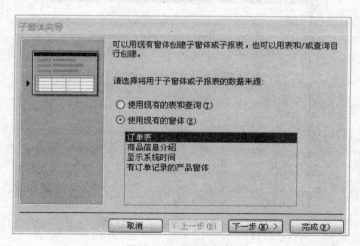

图 4.68　选定子窗体

(2) 单击"下一步"按钮,在对话框中选中"自行定义"单选按钮,在"窗体/报表字段"下拉列表中选择"商品 id"选项,在"子窗体/子报表字段"下拉列表中选择"商品 id"选项,如图 4.69 所示。

(3) 单击"下一步"按钮,在"请指定子窗体或子报表的名称"文本框中输入文字"产品及其订单记录"。

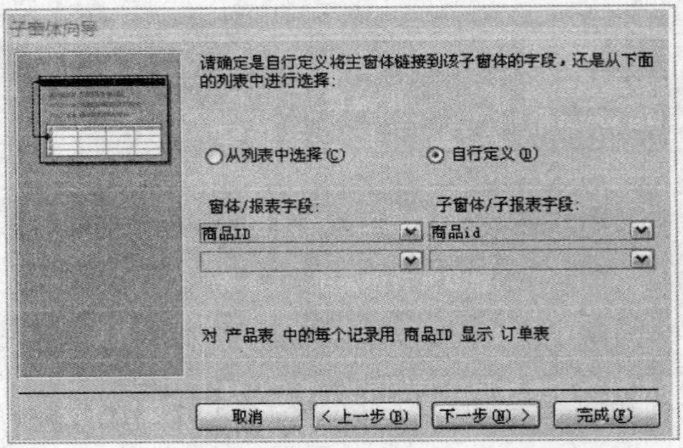

图 4.69　绑定关联字段

（4）单击"完成"按钮，切换到窗体视图，此时的窗体效果如图 4.70 所示。

图 4.70　显示创建的子窗体效果

任务总结

在同时创建主窗体和子窗体时，应注意窗体所使用的源表之间的关系，应在两个源表之间建立起一对多的关系。此外，当在子窗体中添加记录时，Access 会自动保存每一条记录，并把链接字段自动地填写为主窗体链接字段的值。

在已有窗体中插入子窗体时，主窗体和子窗体之间并不一定要具备一对多的关系。

4.4　定制用户界面

在这一节里将重点介绍命令选择型窗体的创建方法。用户可以通过定制用户界面来提高使用数据库的效率。Access 2007 提供了一种简单快捷的方式来创建用户界面——切换面板。本节以创建"切换面板"窗体为例来介绍命令选择型窗体的使用。

学习目标

- 了解命令选择型窗体的功能；
- 创建和使用切换面板窗体。

能力目标

- 熟练创建切换面板窗体；
- 熟练使用命令选择型窗体操作数据库。

任务　创建"切换面板"窗体

任务描述

为提高操作数据库的效率，现需将"shop"数据库中主要的两个窗体对象"产品表窗体"和"订单表窗体"放置到切换面板中，还可以根据需要添加退出数据库命令，将创建的窗体命名为"公司数据库管理系统"。

任务分析

可以使用创建"切换面板"窗体的向导来完成创建。

任务实现

（1）打开"shop"数据库，在"数据库工具"选项卡"数据库工具"组中单击"切换面板管理器"按钮，若是第一次创建切换面板窗体，则会自动打开如图 4.71 所示的警告对话框。单击该对话框中的"是"按钮，即可打开如图 4.72 所示的"切换面板管理器"对话框。

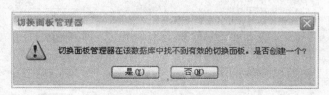

图 4.71　警告对话框

（2）单击"编辑"按钮，打开"编辑切换面板页"对话框，给切换面板命名为"公司数据库管理系统"。单击"编辑切换面板页"中的"新建"按钮，打开"编辑切换面板项目"对话框，在"文本"中填入"产品窗体"、"命令"中选择"在'添加'模式下打开窗体"、"窗体"中选择"产品表"，如图 4.73 所示。

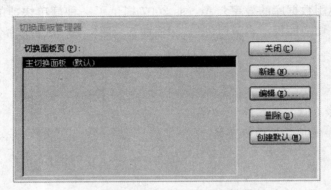

图 4.72　"切换面板管理器"对话框

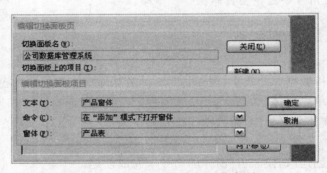

图 4.73　"编辑切换面板项目"对话框

（3）单击"确定"按钮，将"产品窗体"添加进项目，如图 4.74 所示。

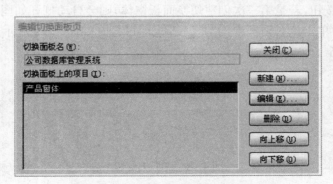

图 4.74　"编辑切换面板页"对话框

（4）单击"新建"按钮，打开"编辑切换面板项目"对话框，在"文本"中填入"订单表窗体"、"命令"中选择"在'添加'模式下打开窗体"、"窗体"中选择"订单表窗体"，如图 4.75 所示。

图 4.75 添加"订单表窗体"到项目

（5）单击"确定"按钮，将"订单表窗体"添加进项目。

（6）单击"新建"按钮，打开"编辑切换面板项目"对话框，在"文本"中填入"退出"、"命令"中选择"退出应用程序"，如图 4.76 所示。

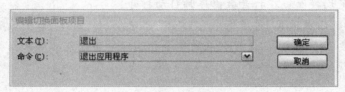

图 4.76 添加"退出"命令到项目

（7）单击"确定"按钮，返回到"编辑切换面板页"，单击"关闭"按钮，返回到"切换面板管理器"对话框，再单击"关闭"按钮，关闭"切换面板管理器"对话框。如图 4.77所示即为刚才所创建的一个简单切换面板窗体。

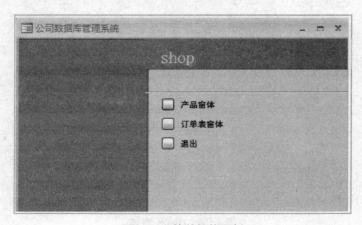

图 4.77 简单切换面板

任务总结

在"公司信息管理系统"切换面板中单击"产品窗体""订单表窗体"项目,将运行相应的窗体;单击"退出"项目,将退出"shop"数据库。

相关知识

切换面板介绍

切换面板管理器中,一个切换面板页代表一个切换面板窗体。窗体中的按钮,在切换面板中称为项目,一个切换面板可以包含多个项目。项目又包含文本和命令两部分,多数命令带有参数,以表示命令的操作对象。

"切换面板管理器"对话框的右侧有"关闭"、"新建"、"编辑"、"删除"和"创建默认"五个按钮,分别用于关闭对话框、新建一个新页面、编辑选定的页面、删除选定的页面和指定切换面板在打开数据库时自动打开。

"编辑切换面板项目"对话框中有"文本"、"命令"和"窗体"三个选项,分别用于指定项目中要显示的文本、选择相应的命令和选择命令操作的对象。

习题

上机练习的数据库为"书店管理系统"数据库。

1. 使用窗体向导创建如图 4.78 所示的 tBooK 窗体,该窗体布局样式为"顶点"。

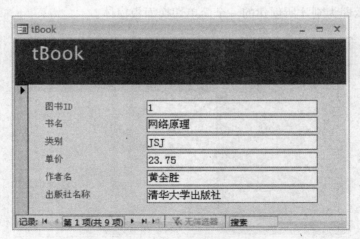

图 4.78　tBooK 窗体

2. 使用"子窗体/子报表"控件在 tBook 窗体上创建一个子窗体,将带有子窗体的窗体另存为 tBook&tSell,创建完成的窗体效果如图 4.79 所示。

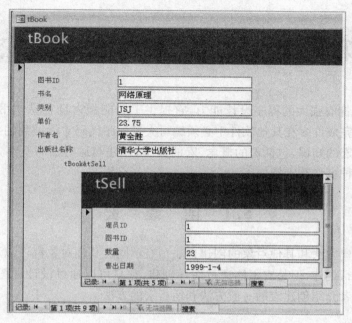

图 4.79　tBook&tSell 窗体

第 5 章　设计操作任务——宏

Access 拥有强大的程序设计能力，它提供了功能强大且容易使用的宏，通过宏可以轻松完成许多在其他软件中必须编写大量程序代码才能做到的事情。本章将介绍有关宏的知识，包括宏的概念、宏的类型、创建与运行宏的基本方法以及与宏相关的各种事件和宏操作。

5.1　创　建　宏

宏的创建方法和其他对象的创建方法稍有不同。其他对象都可以通过向导和设计视图进行创建，但是宏不能通过向导创建，它只可以通过设计视图直接创建。本节将向读者介绍创建宏的一般方法和运行宏的方法。

学习目标

- 创建单个宏；
- 创建宏组；
- 创建条件宏。

能力目标

- 能根据需要选择宏操作创建相关宏；
- 能根据需要将多个宏创建成宏组；
- 能根据需要设置宏的条件。

任务一　创建单个宏

任务描述

在"shop"数据库中创建单个宏，使其可以实现运行打开"商品信息介绍"窗体的功能，并将其命名为"打开窗体"。

任务分析

创建单个宏的方法很简单，在宏设计视图的"操作"属性列中选择需要的宏操作,并设置操作参数即可。该任务是打开某个窗体,故操作为"OpenForm"。

任务实现

(1) 启动 Access 2007 应用程序,打开"shop"数据库。单击"创建"选项卡"宏"组中的"宏"按钮,弹出"宏设计"界面,如图 5.1 所示。

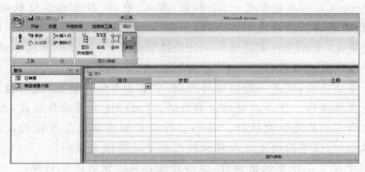

图 5.1 "宏设计"界面

(2) 在"宏"对话框中单击"操作"列的第一列,此时在该行的右边出现一个下拉箭头。单击该下拉箭头,打开下拉列表,在下拉列表中选择"OpenForm"选项。参数默认,注释可以写为:打开"商品信息介绍"窗体。在下方的"操作参数"界面,设置窗体名称为"商品信息介绍",如图 5.2 所示。

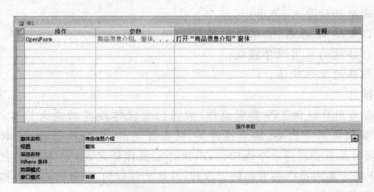

图 5.2 创建单个宏

(3) 单击"保存"按钮,输入宏名"打开窗体",点击"确定",单个宏就创建完毕。

任务总结

创建单个宏是最简单、方便地创建宏的方法,当然在一个宏里面可以有多个操作。可以说,一个宏就是一系列操作的集合。通过这个简单任务,读者应该对什么是宏有了直观的理解。

相关知识

1. 宏的概念

宏是 Access 数据库对象之一,它和表、窗体、查询、报表等其他数据库对象一样,拥有单独的名称。宏分为宏、宏组和条件操作宏,其中宏是操作序列的集合,而宏组是宏的集合,条件操作宏是带有条件的操作序列,这些宏中所包含的操作序列只有在条件成熟时才可执行。

从另一角度来看,宏是一种特殊的代码,它不具有编译特性,没有控制转换,也不能对变量直接操作。宏是以动作为单位的,它由一连串的动作组成,每个动作在运行宏时被由前到后地依次执行。每个动作由其动作名及其参数构成,这跟带参数的函数很相似,但不同的是宏动作执行之后是没有返回值的。

Access 中定义了很多的宏动作,这些宏动作可以完成以下功能:

① 打开、关闭表单和报表,打印报表,执行查询;

② 筛选、查找记录(将一个过滤器加入列记录集中);

③ 模拟键盘动作,为对话框或别的等待输入的任务提供字符串的输入;

④ 显示信息框,响铃警告;

⑤ 移动窗口,改变窗口大小;

⑥ 实现数据的导入、导出;

⑦ 定制菜单(在报表、表单中使用);

⑧ 执行任意的应用程序模块;

⑨ 为控件的属性赋值。

2. 宏操作

Access 为用户提供了许多宏操作,常用的宏操作按其功能大致可以分为:对象操作类、数据导入导出类、记录操作类、数据传递类、代码执行类、提示警告类和其他类。调用函数将获得一个返回值,而执行宏操作将完成一个特定的数据库操作动作。以下将分类列出一些常用的宏操作,具体更详细的,读者可以查阅相关手册。

1) 对象操作类

(1) OpenForm 宏操作

使用 OpenForm 宏操作可以在窗体的窗体视图、设计视图、数据表视图或打印预览中打开一个窗体,并通过设置记录的筛选条件、数据模式和窗口模式来限制窗体所显示的记录以及操作模式。

(2) OpenQuery 宏操作

使用 OpenQuery 宏操作可以运行指定的查询、打开指定查询的设计视图或者在打印预览窗口中显示选择查询的结果。

（3）OpenReport 宏操作

使用 OpenReport 宏操作可以打印指定的报表、打开指定报表的设计视图或者在打印预览窗口中显示报表的结果，也可以限制需要在报表中打印的记录。

（4）OpenTable 宏操作

使用 OpenTable 宏操作可以打开指定表的数据表视图、设计视图或者在打印预览窗口中显示表中的记录，也可以选择表的数据输入模式。

（5）Rename 宏操作

使用 Rename 宏操作可以重新命名指定的数据库对象。

（6）SelectObject 宏操作

使用 SelectObject 宏操作可以选择指定的数据库对象，使其成为当前对象。

（7）Close 宏操作

使用 Close 宏操作可以关闭指定的窗口。如果没有指定窗口，则关闭当前活动窗口。

（8）DeleteObject 宏操作

使用 DeleteObject 宏操作可以删除一个特定的数据库对象。

（9）CopyObject 宏操作

使用 CopyObject 宏操作可以将指定的数据库对象复制到不同的数据库中，或以新的名称复制到同一个数据库中。

2）数据导入导出类

OutputTo 宏操作

使用 OutputTo 宏操作可以将 Access 数据库中的数据导出到 Excel 电子表格或者文本文件等。

3）记录操作类

（1）GoToRecord 宏操作

使用 GoToRecord 宏操作可以在打开的表、窗体或查询中重新定位记录，使指定的记录成为当前记录。

（2）FindRecord 宏操作

使用 FindRecord 宏操作可以查找与给定的数据相匹配的首条记录。FindRecord 宏操作可以在数据表视图、查询和窗体的数据源中查找记录。

（3）FindNext 宏操作

FindNext 宏操作通常与 FindRecord 宏操作搭配使用以查找与给定数据相匹配的下一条记录。可以多次使用 FindNext 宏操作以查找与给定数据相匹配的记录。FindNext 宏操作没有任何操作参数。

4）其他类

（1）RunApp 宏操作

使用 RunApp 宏操作可以在 Access 2000 中运行一个 Windows 或 MS-DOS 应用程序。

（2）RunMacro 宏操作

使用 RunMacro 宏操作可以运行一个宏对象或宏对象中的一个宏组。

（3）RunSQL 宏操作

使用 RunSQL 宏操作可以运行 Access 2000 的动作查询，还可以运行数据定义查询。

（4）MsgBox 宏操作

使用 MsgBox 宏操作可以显示包含警告信息或其他信息的消息框。

（5）Quit 宏操作

使用 Quit 宏操作可以退出 Access。Quit 宏操作还可以指定在退出 Access 之前采用何种方式保存数据库对象。

（6）PrintOut 宏操作

使用 PrintOut 宏操作可以打印打开数据库中的活动对象，也可以打印数据表、报表、窗体和模块。

任务二 创建宏组

任务描述

在"shop"数据库中创建几个宏，以实现如下功能：

（1）打开查询"当前库存"；

（2）将结果导出到一个文本文件中；

（3）显示"导出完成"的消息对话框并退出 Access。

任务分析

为了使任务结构清晰，通常创建多个宏分别完成模块功能，然后将其组合成宏组，运行时可以通过宏组名.宏名的方式运行。

任务实现

（1）启动 Access 2007 应用程序，打开"shop"数据库。单击"创建"选项卡"宏"组中的"宏"按钮，弹出"宏设计"界面，如图 5.1 所示。在图中右击宏 1 标题栏，在弹出的快捷菜单中选择"宏名"，或者点击工具栏中的"宏名"变成如图5.3所示的设计界面。

（2）在如图 5.4 的对话框中分别设置"打开查询"、"导出数据"和"退出"三个宏，具体方法如创建单个宏。其中"退出"包括两个操作。

（3）单击"保存"按钮，输入宏组名"查询导出"，点击"确定"，一个宏组就创建完毕。

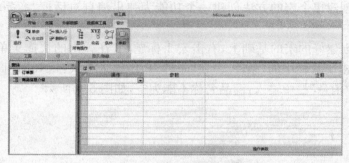

图 5.3 "宏组设计"界面

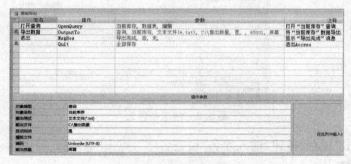

图 5.4 创建宏组界面

任务总结

宏组是指在同一个"宏"窗口中包含的一个或多个宏的集合。如果要在一个位置上将几个相关的宏集中起来,而不希望运行单个宏,可以将它们组织起来构成一个宏组。宏组中的每个宏都单独运行,互不相关。

创建宏组后,如果要引用宏组中的宏,其语法格式是

宏组名.宏名

任务三 创建条件宏

任务描述

创建一个"检查名称"宏,使其可以应用在"商品信息介绍"窗体中。当输入的商品名称为空时,可以弹出消息对话框"商品名称不能为空"。

任务分析

可以先创建一个简单的宏,使其功能为弹出消息对话框"商品名称不能为空",再将其创建条件。

任务实现

（1）按创建单个宏的方法创建一个功能为弹出消息对话框"商品名称不能为空"的宏。

（2）在创建好的宏的基础上，右击宏 1 标题栏，在弹出的快捷菜单中选择"条件"，或者点击工具栏中的"条件"。在"条件"栏中输入公式：IsNull（［商品名称］），在操作参数"消息"栏中输入：商品名称不能为空，如图 5.5 所示。

图 5.5　创建条件宏

（3）单击"保存"按钮，输入宏名"检查名称"，点击"确定"。

任务总结

宏中使用的条件通常都是逻辑表达式，它将根据条件结果是真或假而沿着不同的路径执行。可以将条件输入到"宏"窗口的"条件"列中。如果这个条件的结果为真，则 Access 将执行此行中的操作。

在输入表达式的过程中，经常要引用某个控件的值，表达式中的控件必须符合以下的格式：

Forms！［窗体名］！［控件名］

Reports！［报表名］！［控件名］

表达式中窗体名或报表名是被引用的控件所在的窗体或报表的名称。例如：

［Forms］！［商品信息介绍］！［商品名称］

如果当前宏所引用的控件来自启动该宏的窗体或报表，则可以将控件引用简写为

［控件名］

运行宏时，当执行完指定条件的操作后，如果其后的操作没有指定条件，则 Access 将继续执行这些操作，直到遇到另一个指定条件的操作为止。

如果某个条件表达式的值为假，则 Access 将忽略它所对应的操作，并且还将忽略其后所有带有"…"条件的操作而转到没有指定任何条件的操作上。

5.2　运　行　宏

创建完一个宏后，就可以运行宏执行各个操作。当运行宏时，Access 会运行宏中的所有操作，直到宏结束。可以直接运行宏；或者从其宏或事件过程中运行宏；还可以作为窗体、报表或控件中出现的事件响应运行宏；也可以创建自定义菜单命令或工具栏按钮来运行宏，将某个宏设定为组合键；或者在打开数据库时自动运行宏。本节将具体介绍如何运行宏。

学习目标

- 掌握各种运行宏的方法；
- 根据需要合理设置宏的运行。

能力目标

- 能使用多种方法直接运行宏；
- 能运行宏组中的宏；
- 能从其他宏中运行宏；
- 能从控件中运行宏。

任务一　直接运行宏

任务描述

针对宏"打开窗体"，使其直接运行。

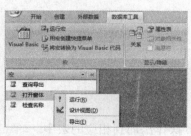

图 5.6　直接运行宏

任务分析

如果希望直接运行宏，可以通过双击宏名、通过"数据库工具"|"运行宏"或者通过右击该宏，然后在弹出的快捷菜单中点击"运行宏"。

任务实现

在图 5.6 所示的界面中，选中要运行的宏，单击鼠标右键，在弹出的菜单中选择"运行"。

任务总结

直接运行宏相对比较简单，实际项目操作中很少使用，一般用于单个宏的调试运行。

任务二　在宏组中运行宏

任务描述

针对宏组"查询导出",使运行其内部宏。

任务分析

运行时如果双击创建好的宏组名只会运行第一个宏,运行其他宏可以通过代码输入宏组名.宏名的方式运行,也可以在"数据库工具"中点击"运行宏"弹出"执行宏"对话框,在其中进行选择。

任务实现

在图 5.7 中,选中所要运行的宏组,点击"运行宏"按钮,在弹出的"执行宏"对话框中选择某个宏运行所示的界面。

图 5.7　在宏组中运行宏

任务总结

在宏组中运行宏和直接运行宏一样也比较简单,实际项目中一般用于宏组中的单个宏调试运行。

任务三　从其他宏中运行宏

任务描述

创建一个宏,使其运行时同时可运行"打开窗体"的宏。

任务分析

如果要从其他的宏中运行宏,请将 RunMacro 操作添加到相应的宏中。

如果要将 RunMacro 操作添加到宏中,可在宏的设计视图的空白操作行选择"RunMacro"选项,并且将"MacroName"参数设置为相应的宏名即可。

下面看一下 RunMacro 操作。在下列三种情况下使用这个操作:

① 从另一个宏中运行宏。

② 执行基于某个条件的宏。

③ 将宏附加到一个自定义的菜单命令上。

RunMacro 操作的参数如下：

① 宏名：执行的宏的名称。

② 重复次数：宏执行的最大次数；空白为一次。

③ 重复表达式：表达式结果为 True(-1)或 False(0)。如果为假，则宏停止运行。

如果用户在"宏名"参数中设置宏组名，则会运行组中的第一个宏。

任务实现

在图 5.8 中，在"操作"选项中选择"RunMacro"，在下方参数"宏名"中选择需要运行的宏"打开窗体"。

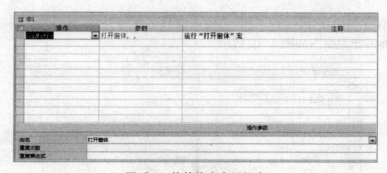

图 5.8　从其他宏中运行宏

任务总结

从其他宏中运行宏在实际项目中主要是为了完成一系列宏运行操作连贯性的需要。

任务四　从控件中运行宏

任务描述

将创建好的"检查名称"条件宏应用在"商品信息介绍"窗体中。当输入的商品名称为空时，可以弹出消息对话框"商品名称不能为空"。

任务分析

将创建好的"检查名称"条件宏应用在"商品信息介绍"窗体中的"商品名称"列，这样的话在事件发生时，就会自动执行所设定的宏。

任务实现

(1) 打开添加条件宏的"商品信息介绍"窗体，进入其设计视图。点击"商品名称"文本框,然后在右边的属性表中,切换到"事件"选项,选择"更新前"这个属性,点击下拉箭头,选择"检查名称",这就完成了在窗体中设置条件宏,如图 5.9 所示。

图 5.9　窗体中设置条件宏

(2) 保存窗体设计,运行窗体,当输入商品名称为空时,就会弹出消息对话框"商品名称不能为空",如图 5.10 所示。

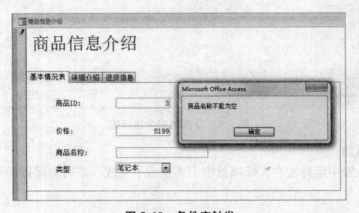

图 5.10　条件宏触发

任务总结

从控件中运行宏是在项目操作中经常用到的方法,一般用于条件关系检查约束,也可以用于增加窗体中的一些特殊功能,需要重点掌握。

5.3　调　试　宏

在 Access 数据库系统中提供了一个重要的宏调试工具,可以用来单步调试宏中的各个动作。使用单步调试宏,可以观察宏的流程和每一个操作的结果,并且可以排除导致错误或产生非预期结果的操作。

学习目标

- 掌握创建多个操作的宏；
- 学会如何单步调试宏；

能力目标

- 能通过宏调试工具来进行单步调试；
- 能分析调试发现错误的原因并将其改正。

任务 调试宏

任务描述

创建多个操作的宏，通过单步调试来观察。

任务分析

首先创建一个多个操作的宏，然后通过宏调试工具来进行单步调试。

任务实现

(1) 打开要调试的宏，例如，在宏组中选择要调试的宏——"打开窗体"，如图 5.11 所示。

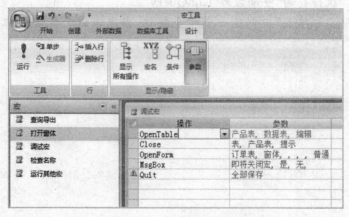

图 5.11　创建多操作宏

(2) 在工具栏上单击"单步"按钮 。

(3) 在工具栏上单击"运行"按钮 ，系统将出现"单步执行宏"对话框，如图 5.12所示。

(4) 单击"单步执行"按钮，以执行显示在"单步执行宏"对话框中的操作。

（5）单击"停止所有宏"按钮，可以停止宏的执行并关闭对话框。

（6）单击"继续"按钮，可以关闭"单步执行宏"，并执行宏的未完成部分。

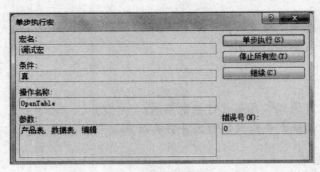

图 5.12　单步执行宏

任务总结

调试宏主要用于在多个宏操作中逐个测试每个宏是否能够正常运行，以免因为单个宏的错误影响整体功能的实现。

习题

1. 创建一个名为"执行查询"的宏，功能是可以打开查询"售出数量"。

2. 将宏"执行查询"重命名为"RunQuery"。

3. 在窗体"订单表"中创建一个命令按钮，当点击这个命令按钮时可以运行"RunQuery"宏。

第6章　设计与制作报表

　　数据库的主要功能之一就是对原始数据进行整理、综合和分析,最终将整理的结果打印出来,报表就是实现这种功能的最好方式。报表是数据库的主要对象之一,是展示数据的一种有效方式。

6.1　认识与创建报表

学习目标

- 了解报表功能;
- 了解报表的结构。

能力目标

- 学会制作"标签报表";
- 掌握利用"报表向导"创建报表的方法。

任务一　创建自动报表

　　本任务将帮助我们理解报表的基本功能,学会简单的报表创建方法。

任务描述

　　本任务主要利用自动报表功能创建"商品"报表,输出"商品表"的所有数据,并将报表保存到数据库中。

任务分析

　　"自动报表"功能是一种快速创建报表的方法。设计时先选择表或查询作为报表的记录源,然后选择报表类型,最后会自动生成报表,输出记录源所有字段的全部记录。不需要利用报表向导,自动将数据汇总显示。

　　(1)打开数据库。即启动 Access,打开"shop"数据库,如图 6.1 所示。

　　(2)快速创建报表。即选择数据库窗体中的"报表"对象,并用鼠标点击"创建"菜单,选择"报表"按钮将会快速创建报表,如图 6.2、图 6.3 所示。

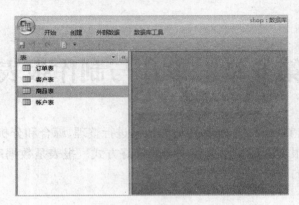

图 6.1 打开数据库

图 6.2 选择"报表"按钮

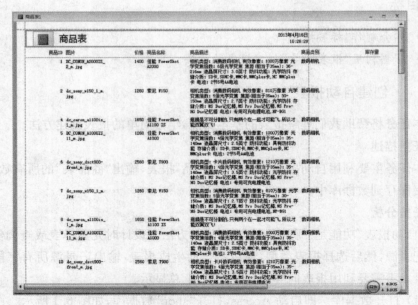

图 6.3 最终报表样式

（3）报表保存。即在"文件"菜单中选择"保存"命令，在弹出的"另存为"对话框中填入报表名称，然后点击"确定"按钮，如图 6.4 所示。

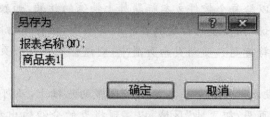

图 6.4　保存报表

相关知识

1. 报表

报表是 Access 数据库的对象之一，主要作用是比较和汇总数据，显示经过格式化且分组的信息，并可以将它们打印出来。它可以按指定格式将数据从屏幕或打印机上输出；同时具有对数据的加工处理能力，可以对数据进行筛选、排序、计算和汇总等操作；还可以利用图表来美化报表外观，增强信息的表现力。

2. 报表与窗体的比较

报表和窗体有许多共同之处：两者的数据源都是表或者查询，同时两者添加控件、布局及美化的方法都相同。两者不同之处在于：窗体可以与用户进行交互，报表不能与用户交互。

3. 报表的视图

在 Access 2007 中，报表操作提供了三种视图："布局视图"、"设计视图"和"报表视图"。"布局视图"用于查看报表的版面设置，并且还可以在布局视图中调整各类控件；"设计视图"用于创建和编辑报表的结构。视图的切换可以通过选择报表，单击"视图"按钮或者单击右键，在弹出的菜单中进行选择。

4. 报表的结构

在报表的"设计视图"中，区段被表示成带状形式，称为"节"。报表中的信息可以安排在多个节中，每个节在页面上和报表中具有特定的目的并按照预期顺序输出打印。与窗体的"节"相比，报表区段被分为更多种类的节。

（1）报表页眉

在报表的开始处，即报表的第一页打印一次。用来显示报表的标题、图形或说明性文字，每份报表只有一个报表页眉。一般来说，报表页眉主要用在封面。

（2）页面页眉

页面页眉中的文字或控件一般输出显示在每页的顶端。通常，它是用来显示数据的列标题。可以给每个控件文本标题加上特殊的效果，如颜色、字体种类和字体大小等。一般来说，把报表的标题放在报表页眉中，该标题打印时在第一页的开始位置出现。如果将标题移动到页面页眉中，则该标题在每一页都显示。

（3）组页眉

根据需要，在报表设计五个基本的"节"区域的基础上，还可以使用"排序与分组"属性来设置"组页眉/组页脚"区域，以实现报表的分组输出和分组统计。组页眉节主要安排文本框或其他类型控件显示分组字段等数据信息。可以建立多层次的组页眉及组页脚，但不可分出太多的层（一般为 3～6 层）。

（4）主体

主体是报表显示数据的主要区域，可打印表或查询中的记录数据。根据主体节内字段数据的显示位置，报表又划分为多种类型。

（5）组页脚

组页脚节内主要安排文本框或其他类型控件显示分组统计数据。打印输出时，其数据显示在每组的结束位置。在实际操作中，组页眉和组页脚可以根据需要单独设置使用。可以从"视图"菜单中选择"排序与分组"选项。

（6）页面页脚

一般包含页码或控制项的合计内容，数据显示安排在文本框和其他的一些类型控件中。在报表每页底部显示打印页码信息。

（7）报表页脚

该节区一般是在所有的主体和组页脚输出完成后才会打印在报表的最后面。通过在报表页脚区域安排文本框或其他一些类型控件，可以显示整个报表的计算汇总或其他的统计数字信息。

任务二　使用"标签向导"创建报表

在日常工作中，可能需要制作"物品"标签之类的标签，比如超市的商品都必须贴上相关的价格标签。在 Access 中，用户可以使用"标签向导"快速地制作标签报表。

任务描述

利用"标签向导"功能，为 shop. mdb 中的"客户表"创建一个邮件标签报表。

任务分析

根据标签用途，用户可以利用"标签向导"设计出符合自己需要的标签。

任务实现

（1）在 Access 数据库中，单击"报表"对象。

（2）点击"创建"菜单，再单击"标签"按钮，如图 6.5 所示。

图 6.5　选择"标签"按钮

　　（3）弹出的"标签向导"对话框中，可选择标准型号的标签，也可自定义标签的大小；可创建和编辑自己所需的标签格式，然后单击"下一步"按钮，如图 6.6 所示。

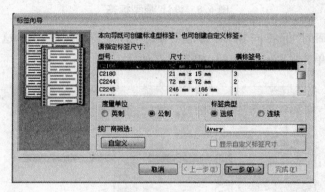

图 6.6　标签向导

　　（4）选择标签中的"字体"属性，在此可以选择适当的字体及字体的大小、粗细和颜色，然后单击"下一步"按钮，如图 6.7 所示。

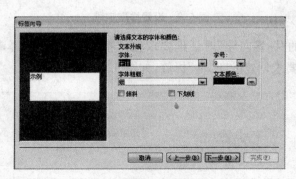

图 6.7　设置字体

（5）在"标签向导"对话框中，用户可在"原型标签"中输入需要显示的文字和字段，如图 6.8 所示，确定输入正确后，单击"下一步"按钮。

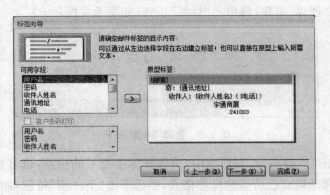

图 6.8　设计"原型标签"

（6）此步骤的"标签向导"对话框中要求用户选择排序字段，这里选择"用户名"字段，然后单击"下一步"按钮，如图 6.9 所示。

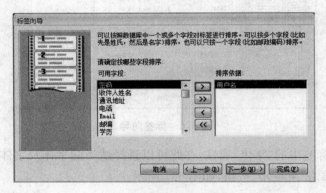

图 6.9　设置排序字段

（7）此步骤的"标签向导"对话框要求输入报表的标题，选择默认标题后单击"完成"按钮。按要求创建的"邮件"标签，如图 6.10 所示。

图 6.10　"邮件"标签

如果最终的标签报表没有达到预期的效果,可以删除该报表然后重新运行"标签向导",进行修改。

任务三 利用"报表向导"创建报表

任务描述

本任务主要利用自动创建报表的向导功能,帮助我们创建"客户表"的表格式报表。

任务分析

利用"报表向导",可以帮助我们了解各类报表样式,并掌握利用向导创建报表的方法。

任务实现

(1) 在 Access 中打开数据库文件,在"数据库"窗体中单击"报表"对象,再选择"数据库"窗体工具栏中的"创建"菜单,单击"报表向导"按钮,如图 6.11 所示。

图 6.11 选择"报表向导"

(2) 在如图 6.12 所示的"报表向导"对话框中,选择报表对象,然后选择报表字段,完成后点击"下一步"。

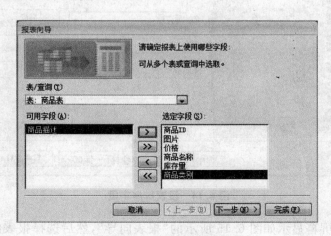

图 6.12 选择报表字段

（3）在如图 6.13 所示的"报表向导"中，选择分组级别，然后点击"下一步"。

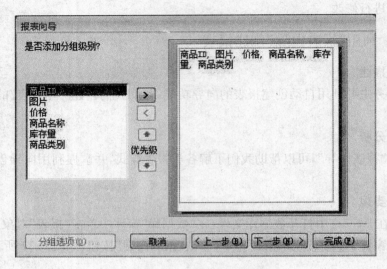

图 6.13　选择分组级别

（4）选择排序字段，然后点击"下一步"，如图 6.14 所示。

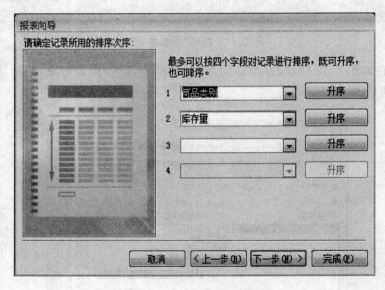

图 6.14　设置排序字段

（5）这时屏幕显示如图 6.15 所示的"报表向导"，然后选择报表的布局方式，有"纵栏表"、"表格"和"两端对齐"三种布局方式。点击"下一步"后选择报表样式。

（6）根据报表向导，完成报表设计，最后报表如图 6.16 所示。

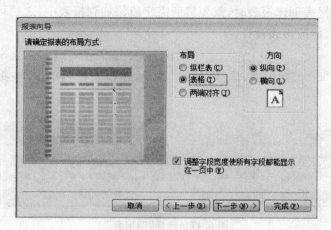

图 6.15　设置布局方式

| 商品表4 | | | | | | |

1	佳能 PowerShot A2000	DC_CONON_A2000IS_2_m.jpg	1400	相机类型：消费数码相机 有效像素：1000万像素 光学变焦倍数：6倍光学变焦 焦距(相当于35mm)：36-216mm 液晶屏尺寸：3.0英寸 防抖功能：光学防抖 存储介质：SD卡，SDHC卡，MMC卡，MMCplus卡，HC MMCplus卡 电池：2节5号AA电池	数码相机	5
2	索尼 W150	dc_sony_w150_1_m.jpg	1260	相机类型：消费数码相机 有效像素：810 万像素 光学变焦倍数：5倍光学变焦 焦距(相当于35mm)：30-150mm 液晶屏尺寸：2.7英寸 防抖功能：光学防抖 存储介质：MS Duo记忆棒，MS Pro Duo记忆棒，MS Pro-HG Duo记忆棒 电池：专用可充电锂电池，NP-BG1	数码相机	10
4	佳能 PowerShot A1100 IS	dc_caron_a1100is_1_m.jpg	1650	缘得是不可分割的，只有两个在一起才可 能飞，所以才能双翼双飞！	数码相机	13
5	佳能 PowerShot A1000	DC_CONON_A1000IS_1_m.jpg	1268	相机类型：消费数码相机 有效像素：1000万像素 光学变焦倍数：4倍光学变焦 焦距(相当于35mm)：35-140mm 液晶屏尺寸：2.5英寸 防抖功能：具有防抖功能 存储介质：SD卡，SDHC卡，MMC卡，MMCplus卡，HC MMCplus卡 电池：2节5号AA电池	数码相机	18
6	索尼 T900	dc_sony_dsct900-front_m.jpg	2560	相机类型：卡片数码相机 有效像素：1210万像素 光学变焦倍数：4倍光学变焦 焦距(相当于35mm)：35-140mm 液晶屏尺寸：3.5英寸 防抖功能：光学防抖 存储介质：MS Duo记忆棒，MS Pro Duo记忆棒，MS Pro-HG Duo记忆棒 电池：专用可充电锂电池	数码相机	19

图 6.16　报表样式

任务四　利用"空报表"创建报表

任务描述

利用工具"空报表"，在"shop"数据库中创建一个报表，要求显示商品表中的商品 ID、商品名称、价格、商品类别和库存量。

任务分析

通过空白报表创建报表时，需要将所需字段添加到报表中，之后可以在布局视图中添加控件，修改报表设计。

任务实现

（1）打开"shop"数据库，选择"创建"菜单，在报表栏内单击"空报表"按钮，如图6.17所示。

图 6.17　选择"空报表"

（2）选择空白报表左边的报表对象，将报表字段拖入空白报表中，如图 6.18所示。

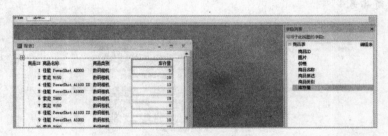

图 6.18　选择报表对象

（3）如果用户对使用向导生成的报表不满意，可以在"设计"视图中对其进行进一步修改和完善。

任务五　使用报表"设计视图"创建报表

任务描述

使用"设计视图"来创建"库存商品统计报表"。

任务分析

使用"设计视图"可以按照用户的要求创建报表，有更大的主动性和灵活性。使用设计视图创建报表，首先要选择数据源，然后添加字段和控件。

任务实现

（1）在"数据库"窗体中，选择"创建"菜单，单击"报表设计"按钮会打开一个空白报表,如图 6.19、图 6.20 所示。

图 6.19　选择"报表设计"

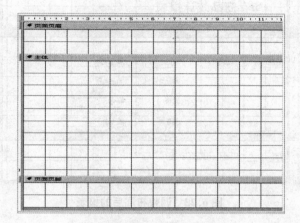

图 6.20　空白报表

(2) 单击工具栏"添加现有字段"按钮,选择报表对象如图 6.21 所示。

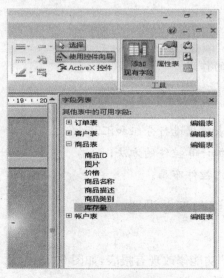

图 6.21　添加报表字段

（3）依次选择字段列表中的字段，拖动到空白报表中，并进行排版整理。

（4）在页面页眉位置添加直线控件，并且将高度设置为 0；在直线控件上方添加标签控件，输入内容"库存商品统计报表"。

（5）在页面页脚位置添加页码，调整布局后的报表如图 6.22 所示。

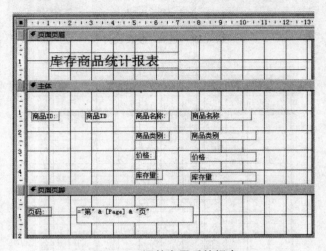

图 6.22　调整布局后的报表

6.2　设 计 报 表

学习目标

- 理解计算控件的作用。

能力目标

- 掌握如何对报表数据进行分组和汇总；
- 掌握为报表添加计算控件的方法；
- 学会调整报表内控件布局。

任务一　报表的分组与汇总设置

任务描述

使用"分组和汇总"功能修改现有报表，如图 6.23 所示。要求按照"商品名称"分类，汇总"库存量"总数。

任务分析

对于很多报表来说,可能需要将它们划分为组。组是记录的集合,并且包含与记录一起显示的介绍性内容和汇总信息(如页眉)。组由组页眉、嵌套组(如果有)、明细记录和组页脚构成。通过分组,可以直观地区分各组记录,并显示每个组的介绍性内容和汇总数据。

商品表2

商品类别	商品名称	价格	库存量	商品ID
笔记本电脑	THINKPAD笔记本	1268	3	54
笔记本电脑	THINKPAD笔记本	1268	3	52
笔记本电脑	THINKPAD笔记本	1268	3	56
笔记本电脑	THINKPAD笔记本	1268	9	29
笔记本电脑	THINKPAD笔记本	1268	12	50
笔记本电脑	THINKPAD笔记本	1268	12	53
笔记本电脑	THINKPAD笔记本	1268	12	57
笔记本电脑	THINKPAD笔记本	1268	16	55
笔记本电脑	THINKPAD笔记本	1268	17	58
笔记本电脑	THINKPAD笔记本	1268	18	51
笔记本电脑	THINKPAD笔记本	1268	18	26
笔记本电脑	THINKPAD笔记本	1268	21	60

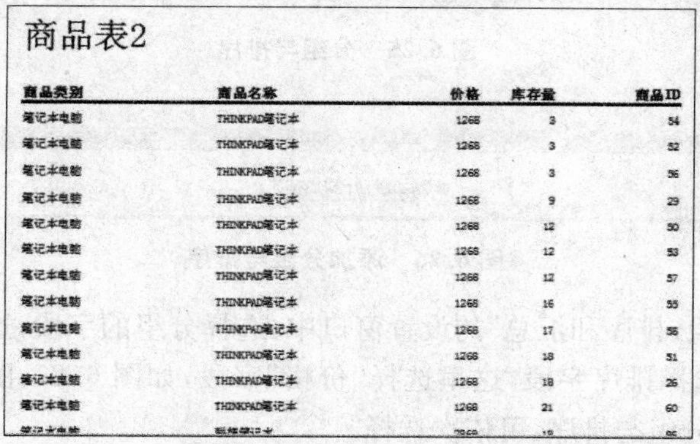

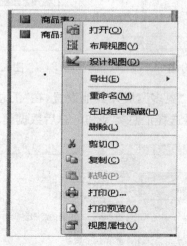

图 6.23　现有报表

任务实现

(1) 选中需要修改的报表,单击右键,在弹出的快捷菜单中选择“设计视图”,如图 6.24 所示。

图 6.24　选择视图

(2) 在工具栏中单击“分组和排序”按钮,如图 6.25 所示。在报表“设计视图”

的下方会弹出"分组、排序和汇总"的设置窗口,如图 6.26 所示。

图 6.25　分组与排序

图 6.26　添加分组与排序

(3) 在"分组、排序和汇总"的设置窗口中,选择分组的字段,这里我们选择"商品名称",然后选择排序字段,这里选择"价格"字段,如图 6.27、图 6.28 所示。当然,如果有多重分组与排序,可依次选择。

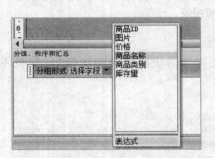
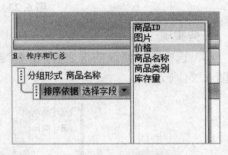

图 6.27　添加分组　　　　　　　　　　图 6.28　设置排序

(4) 在工具栏中点击"更多",展开其他设置,在"汇总"下拉列表中选择汇总方式,这里选择"库存量",再选择汇总类型和汇总后数据显示,如图 6.29 所示。整个

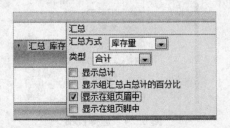

图 6.29　设置汇总项

设置完毕后如图 6.30 所示。

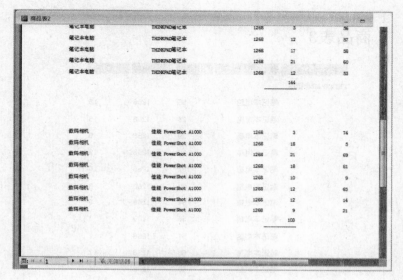

图 6.30　报表结果

任务二　在报表中添加计算控件

报表设计过程中,除在版面上布置绑定控件直接显示字段数据外,还经常要进行各种运算并将结果显示出来。例如,报表设计中页码的输出、分组统计数据的输出等均是通过设置绑定控件的控件源为计算表达式形式而实现的,这些控件就称为"计算控件"。

任务描述

在"商品表"报表设计中根据商品的"价格"字段值、"库存量"字段值,使用计算控件来计算库存金额。

任务分析

计算控件的控件源是计算表达式,当表达式的值发生变化时,会重新计算结果并输出显示。文本框是最常用的计算控件。

任务实现

(1) 使用前述设计方法,设计出以"商品表"为数据源的一个表格式报表,如图 6.31 所示。

(2) 在页面页眉节内添加"库存金额"标签,在主体节内添加"库存金额"绑定文本框,如图 6.32 所示。打开其"属性"窗体,选择"数据"选项卡,设置"控件来源"

属性为计算库存金额的表达式"＝［价格］＊［库存量］"，如图 6.33 所示。

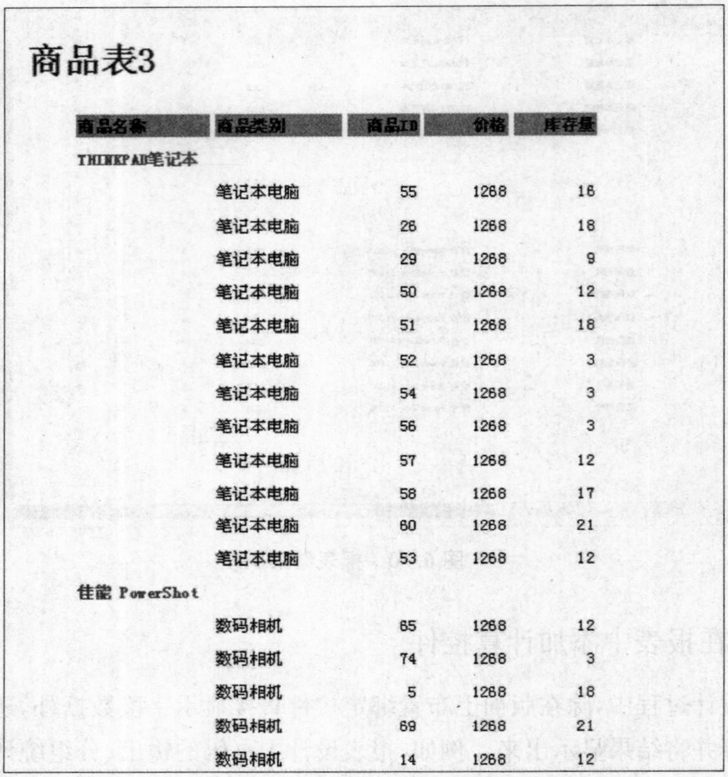

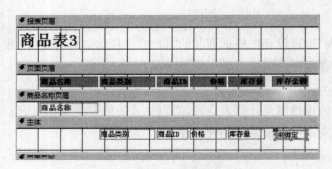

图 6.31　商品报表

图 6.32　添加"库存金额"标签

注意：计算控件的控件来源必须是"＝"开头的一个计算表达式。

（3）单击工具栏上的"打印预览"按钮，预览报表中的计算控件显示，如图 6.34

所示，命名并保存报表。

格式	数据	事件	其他	全部

控件来源	=[价格]*[库存量]
文本格式	纯文本
运行总和	不
输入掩码	
可用	是
智能标记	

图 6.33　设置属性

商品表3

商品名称	商品类别	商品ID	价格	库存量	库存金额
THINKPAD笔记本					
	笔记本电脑	55	1268	16	20288
	笔记本电脑	26	1268	18	43112
	笔记本电脑	29	1268	9	54524
	笔记本电脑	50	1268	12	69740
	笔记本电脑	51	1268	18	92564
	笔记本电脑	52	1268	3	96368
	笔记本电脑	54	1268	3	100172
	笔记本电脑	56	1268	3	103976
	笔记本电脑	57	1268	12	119192
	笔记本电脑	58	1268	17	140748
	笔记本电脑	60	1268	21	167376
	笔记本电脑	53	1268	12	182592

图 6.34　添加"计算控件"后的报表

 相关知识

报表统计计算

报表设计中，可以根据需要进行各种类型的统计计算并输出显示，操作方法就是使用计算控件设置其控件源为合适的统计计算表达式。

在 Access 中利用计算控件进行统计计算并输出结果的操作主要有两种方式：

（1）主体节内添加计算控件

在主体节内添加计算控件对每条记录的若干字段值进行求和或求平均计算时，只要设置计算控件的控件源为不同字段的计算表达式即可。例如，当在一个报表中列出学生"计算机实用软件"、"英语"和"高等数据"三门课的成绩时，若要对每位学生计算三门课的平均成绩，只要设置新添计算控件的控件源为"＝（［计算机实用软件］＋［英语］＋［高等数据］）/3"即可。

这种形式的计算还可以前移到查询设计中，以改善报表操作性能。若报表数据源为表对象，则可以创建一个选择查询，添加计算字段完成计算；若报表数据源为查询对象，则可以再添加计算字段完成计算。

（2）组页眉/组页脚节内或报表页眉/报表页脚节内添加计算字段

在组页眉/组页脚节内或报表页眉/报表页脚节内添加计算字段对某些字段的一组记录或所有记录进行求和或求平均统计计算时，这种形式的统计计算一般是对报表字段列的纵向记录数据进行统计，要使用 Access 提供的内置统计函数（Count 函数完成计数，Sum 函数完成求和，Avg 函数完成求平均值）来完成相应计算操作。例如，要计算上述报表中所有学生的"英语"课程成绩的平均分，需要在报表页脚节内对应"英语"字段列的位置添加一个文本框计算控件，设置其控件源属性为"＝Avg（［英语］）"即可。

如果是进行分组统计并输出，则统计计算控件应该布置在"组页眉/组页脚"节区内相应位置，然后使用统计函数设置控件源即可。

任务三　调整控件布局

任务描述

根据已有报表，调整控件布局，使其报表整体更为美观。

任务分析

在报表的"设计视图"或"布局视图"中，可以调整控件布局。相比"布局视图"，"设计视图"提供了更多的工具，可以为控件添加边框和样式，也可以调整控件的对齐方式、位置和大小，这些工具在"报表设计工具"的"排列"选项卡中。

任务实现

（1）选中已有报表，打开"布局视图"或"设计视图"，选择"排列"选项卡，如图 6.35 所示。

（2）根据需要可选择工具栏内按钮，对其各类控件进行调整；也可在视图内直接拖动控件,到达预期报表,如图 6.36 所示。

图 6.35　选择"排列"选项卡

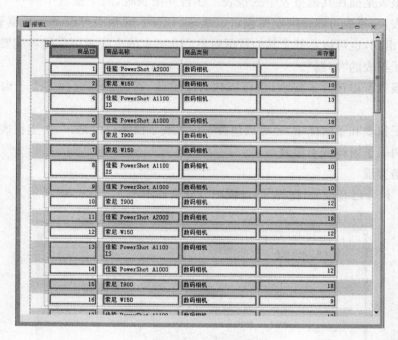

图 6.36　调整控件

6.3　创建高级报表与打印报表

学习目标

- 理解主报表与子报表的关系。

能力目标

- 掌握创建子报表的方法;
- 了解报表打印设置的方法。

任务一　创建子报表

任务描述

在已有的"库存商品统计报表"中，添加"已订购商品报表"子报表，帮助分析各类商品销售情况。

任务分析

子报表是插在其他报表中的报表。在合并报表时，两个报表中的一个必须作为主报表，主报表可以是绑定的也可以是非绑定的，即报表可以基于数据表、查询或 SQL 语句，也可以不基于其他数据对象。非绑定的主报表可作为容纳要合并的无关联子报表的"容器"。

主报表可以包含子报表，也可以包含子窗体，而且能够包含多个子窗体和子报表。

在子报表和子窗体中，还可以包含子报表或子窗体。但是，一个主报表最多只能包含两级子窗体或子报表。

任务实现

（1）打开已有报表，选择"设计视图"，分别如图 6.37、图 6.38 所示。

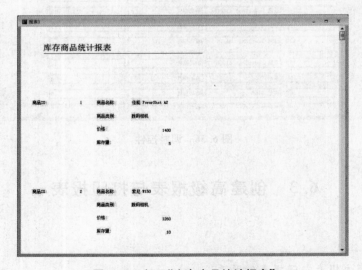

图 6.37　打开"库存商品统计报表"

（2）打开"设计"选项卡的"控件"组件，从中选择"子窗体/子报表"控件，如图 6.39 所示。

（3）在主体节合适位置拖动，自动弹出"子报表向导"，如图 6.40 所示，选择报表数据源。

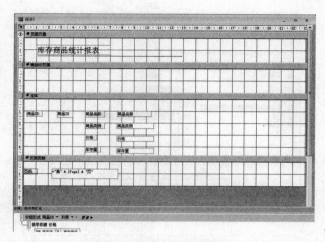

图 6.38 选择"设计视图"

图 6.39 选择"子窗体/子报表"控件

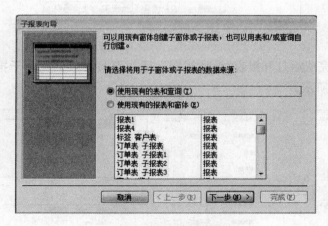

图 6.40 选择子报表数据源

（4）在"子报表向导"中选择子报表字段,如图 6.41 所示。

（5）接下来,通过"子报表向导"选择主报表与子报表链接字段,以便建立对应关系,如图 6.42 所示。

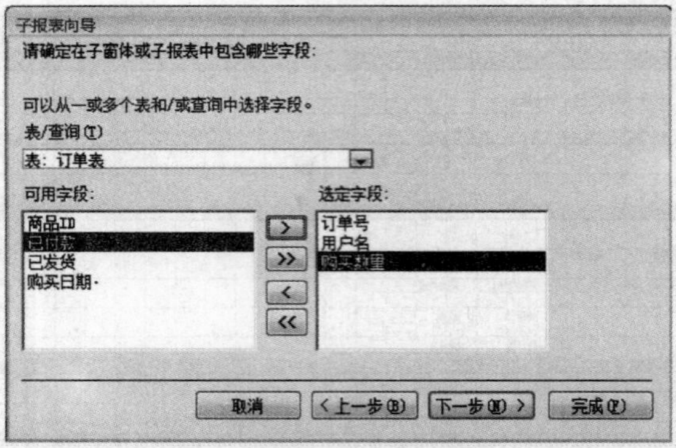

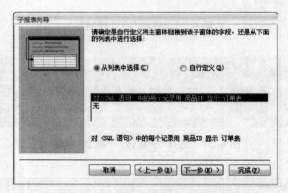

图 6.41　选择子报表字段

图 6.42　建立主报表与子报表对应字段

（6）设置完成后打开报表"设计视图",适当调整字段列宽和子报表位置后预览,如图 6.43 所示。

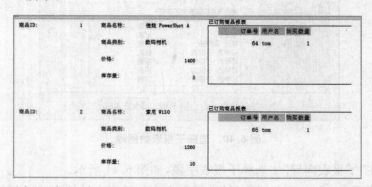

图 6.43　显示插入的子报表

任务二 设置打印报表

任务描述

设置打印"商品表",使打印出的报表更美观。

任务分析

对报表的预览结果满意后,即可开始实施打印工作。下面开始介绍报表的设置打印方法。

任务实现

(1)选择需打印的报表,选择"页面设置"选项卡中的"页面布局"组件,如图6.44所示。

图6.44 "页面布局"组件

(2)在"页面布局"组件中选择"页面设置",在弹出的"页面设置"对话框中依次在"打印选项"中设置"上""下""左""右"的"页边距",如图6.45所示。

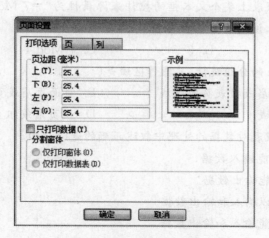

图6.45 设置"页边距"

(3)在"页"选项卡中可以设置打印方向和纸张大小等。

(4)在"列"选项卡中可以设置列数、列宽度、高度以及行间距等。

（5）设置完毕后，点击"打印预览"查看设置情况，再点击"打印"按钮打印报表。

习题

一、选择题

1. 如果要在整个报表的最后输出信息，需要设置（　　）。

A. 页面页脚　　　　B. 报表页脚　　　　C. 页面页眉　　　　D. 报表页眉

2. 可作为报表记录源的是（　　）。

A. 表　　　　　　　　　　　　　B. 查询

C. Select 语句　　　　　　　　　D. 以上都可以

3. 在报表中，要计算"数学"字段的最高分，就将控件的"控件来源"属性设置为（　　）。

A. ＝Max（［数学］）　　　　　　　B. Max（数学）

C. ＝Max［数学］　　　　　　　　D. ＝Max（数学）

4. 在报表设计时，如果只在报表最后一页的主体内容之后输出规定的内容，则需要设置的是（　　）。

A. 报表页眉　　　　B. 报表页脚　　　　C. 页面页眉　　　　D. 页面页脚

5. 若要在报表每一页底部都输出信息，需要设置的是（　　）。

A. 页面页脚　　　　B. 报表页脚　　　　C. 页面页眉　　　　D. 报表页眉

6. 如果设置报表上某个文本框的控件来源属性为"＝7 Mod4"，则在"打印预览"视图中，该文本框显示的信息为（　　）。

A. 未绑定　　　　　B. 3　　　　　　　C. 7 Mod 4　　　　D. 出错

7. 要实现报表的分组统计，其操作区域是（　　）。

A. 报表页眉或报表页脚区域　　　　B. 页面页眉或页面页脚区域

C. 主体区域　　　　　　　　　　　D. 组页眉或组页脚区域

8. 下面关于报表对数据的处理中叙述正确的是（　　）。

A. 报表只能输入数据

B. 报表只能输出数据

C. 报表可以输入和输出数据

D. 报表不能输入和输出数据

二、设计题

1. 设计一个报表，输出所有的库存商品信息，要求按价格降序输出。

2. 根据上题报表，按照"商品名称"进行分类，并对报表进行适当调整。

第 7 章　数据库的管理与安全设置

随着计算机网络技术的广泛普及和快速发展,网络数据库的应用越来越广泛,所以数据库的安全性直接关系到整个计算机网络的安全。Access 2007 提供了对数据库的管理和安全设置。

7.1　Access 2007 中的安全机制

学习目标

- 了解 Access 2007 安全性的新增功能;
- 了解 Access 2007 的安全体系结构;
- 打包、签名和分发 Access 2007 数据库。

能力目标

- 能够在 Access 2007 中设置或更改早期版本用户级安全机制性;
- 能够创建 VBA 项目的数字证书;
- 能够创建、提取和使用签名包。

对于以新文件格式(. accdb 和. accde 文件)创建的数据库,Access 2007 不提供用户级安全。但是,如果在 Access 2007 中打开早期版本的 Access 数据库,并且该数据库应用了用户级安全,那么这些设置仍然有效。

如果将具有用户级安全的早期版本 Access 数据库转换为新的文件格式,则 Access 2007 将自动剔除所有安全设置,并应用保护(. accdb 和. accde 文件)的规则。

最后需记住的一点是:在打开创建于 Access 2007 中的数据库时,所有用户始终可以看到所有数据库对象。

7.1.1   Access 2007 安全性的新增功能

Access 2007 提供了经过改良的安全模型,该模型有助于简化将安全配置应用于数据库以及打开已启用安全性的数据库的过程。

下面是 Access 2007 安全性方面的新增功能列表:

(1) 即使不想在数据库中启用任何禁用的 VBA (Microsoft Visual Basic for Applications) 代码或组件时,还是有能够查看数据的能力。在 Access 2003 中,如果将安全级别设置为"高",则必须先对数据库进行代码签名并信任数据库,然后才能查看数据。在 Access 2007 中,可以打开并查看数据,而不必判断是否启用数据库。

(2) 更高的易用性。如果将数据库文件(新的 Access 2007 文件格式或早期文件格式)放在受信任位置(例如,您指定为安全位置的文件夹或网络共享),那么这些文件将直接打开并运行,而不会显示警告消息或要求您启用任何禁用的内容。此外,如果在 Access 2007 中打开在早期版本的 Access 中创建的数据库(例如.mdb 或.mde 文件),并且这些数据库已进行了数字签名,而且已选择信任发布者,那么系统将运行这些文件而不需要判断是否信任它们。但需要注意的是,签名数据库中的 VBA 代码只有在信任发布者后才能运行,并且,如果数字签名无效,代码也不会运行。如果签名者以外的其他人篡改了数据库内容,签名将变得无效。

(3) 信任中心。信任中心是一个对话框,它为设置和更改 Access 的安全设置提供了一个集中的位置。使用信任中心可以为 Access 2007 创建或更改受信任位置并设置安全选项。在 Access 中打开新的和现有的数据库时,这些设置将影响它们的行为。信任中心包含的逻辑还可以评估数据库中的组件,确定打开数据库是否安全,或者信任中心是否应禁用数据库,并需要用户判断是否启用它。

(4) 更少的警告消息。早期版本的 Access 强制您处理各种警报消息:宏安全性和沙盒模式。默认情况下,如果打开一个处于受信任位置以外的 Access 2007 数据库,您将看到一个称为"消息栏"的工具,如图 7.1 所示。

图 7.1　消息栏

当打开的数据库中包含一个或多个被禁用的组件时,例如,动作查询(添加、删除或更改数据的查询)、宏、ActiveX 控件、表达式(计算结果为单个值的函数)以及 VBA 代码,如果确定可以信任该数据库,那么可以使用"消息栏"来启用任何这样的组件。

（5）以新方式签名和分发以 Access 2007 文件格式创建的文件。在早期版本的 Access 中，使用 Visual Basic 编辑器将安全证书应用于各个数据库组件。在 Access 2007 中，可以将数据库打包，然后签名并分发该包。如果将数据库从签名的包中解压缩到受信任位置，则数据库将运行而不会显示"消息栏"。如果将数据库从签名的包中解压缩到不受信任位置，但您信任包证书并且签名有效，则不需要作出信任决定。当打包且签名不受信任或包含无效数字签名的数据库时，如果没有将它放在受信任的位置，则必须在每次打开它时使用"消息栏"来表示信任该数据库。

（6）使用更强的算法来加密那些使用数据库密码功能的 Access 2007 文件格式的数据库。加密数据库将打乱表中的数据，并有助于防止不请自来的用户读取数据。

（7）新增了一个在禁用数据库时运行的宏操作子类。这些更安全的宏还包含错误处理功能，还可以直接将宏（即使宏中包含 Access 禁止的操作）嵌入任何窗体、报表或控件属性。（它们以逻辑方式配合来自早期版本的 Access 的 VBA 代码模块或宏工作。）

最后，特别需要注意的是：

① 如果打开受信任位置的数据库，则会运行所有组件，而不需要做出信任决定。

② 如果打包、签名和部署早期版本的 Access 数据库（.mdb 或 .mde 文件），该数据库包含来自受信任发布者的有效数字签名，并且用户信任该证书，那么，所有组件都将直接运行。

③ 如果对不受信任的数据库进行签名，并将其部署到不受信任位置，则默认情况下信任中心将禁用该数据库，并且必须在每次打开它时选择是否启用数据库。

7.1.2　Access 2007 安全体系结构

要理解 Access 2007 安全体系结构，需要记住的是 Access 数据库与 Microsoft Office Excel 2007 工作簿或 Microsoft Office Word 2007 文档是不同意义的文件。Access 数据库是一组对象（表、窗体、查询、宏、报表等），这些对象通常必须相互配合才能发挥功用。例如，当创建数据输入窗体时，如果不将窗体中的控件绑定（链接）到表，就无法用该窗体输入或存储数据。

有几个 Access 组件会造成安全风险，其中包括动作查询（插入、删除或更改数据的查询）、宏、表达式（返回单个值的函数）和 VBA 代码。为了使得数据更安全，

每当打开数据库,Access 2007 和信任中心都将执行一组安全检查。此过程如下:

(1) 在 Access 2007 中打开(.accdb 或.accde)文件时,Access 会将数据库的位置提交到信任中心。如果该位置受信任,则数据库将以完整功能运行。如果在 Access 2007 中打开早期版本的 Access 数据库,则 Access 会提交位置以及应用于该数据库的数字签名(如果有)的详细信息。

信任中心将审核"证据",以评估该数据库是否值得信任,然后通知 Access 如何打开数据库。Access 或者禁用数据库,或者打开具有完整功能的数据库。

(2) 如果信任中心禁用任何内容,则在打开数据库时将出现"消息栏"。若要启用任何禁用的内容,请单击"选项",然后在出现的对话框中选择选项,Access 将启用已禁用的内容,并重新打开具有完整功能的数据库;否则,禁用的组件将不会工作。

(3) 如果打开的数据库是以早期版本的文件格式(.mdb 或.mde 文件)创建的,并且该数据库未签名且未受信任,则默认情况下,Access 将禁用任何可执行的内容。

当信任中心将数据库评估为不受信任时,Access 2007 将在禁用模式下打开该数据库。也就是说,它将关闭所有可执行内容。对于以新的 Access 2007 文件格式创建的数据库,以及在早期版本的 Access 中创建的文件,都是如此。

Access 2007 禁用以下组件:

① VBA 代码和 VBA 代码中的任何引用,以及任何不安全的表达式。

② 所有宏中的不安全操作。"不安全"操作是指可能允许用户修改数据库或对数据库以外的资源获得访问权限的任何操作。但是,Access 禁用的操作有时可以被视为是"安全"的。例如,如果信任数据库的创建者,则可以信任任何不安全的宏操作。

③ 几种查询类型:

• 动作查询:用于添加、更新和删除数据。

• 数据定义语言(DDL)查询:用于创建或更改数据库中的对象,例如,表和过程。

• SQL 传递查询:用于直接向支持开放式数据库连接(ODBC)标准的数据库服务器发送命令。传递查询在不涉及 Access 数据库引擎的情况下处理服务器上的表。

• ActiveX 控件:数据库打开时,Access 可能会尝试载入加载项(用于扩展 Access 或打开数据库功能的程序)。如果要运行向导,以便在打开的数据库中创建对象,则在载入加载项或启动向导时,Access 会将证据传递到信任中心,信任中心将做出其他信任决定,并启用或禁用对象或操作。如果信任中心禁用数据库,而用户不同意该决定,那么可以使用消息栏来启用相应的内容。加载项是该规则的一个例外。如果在信任中心的"加载项"窗格中选中"要求受信任发行者签署应用程序扩展"复选框,则 Access 将提示启用加载项,但该过程不涉及消息栏。

7.1.3 打包、签名和分发 Access 2007 数据库

Access 2007 可以更方便更快捷地签名和分发数据库。创建(.accdb)文件或(.accde)文件时,可以将文件打包,再将数字签名应用于该包,然后将签名的包分发给其他用户。打包和签名功能会将数据库放在 Access 部署的(.accdc)文件中,再对该包进行签名,然后将经过代码签名的包放在您指定的位置。此后,用户可以从包中提取数据库,并直接在数据库中工作,而不是在包文件中工作。

操作时请牢记下列事项:

(1) 将数据库打包以及对该包进行签名是传递信任的方式。当用户收到包时,可通过签名来确认数据库未经篡改。如果信任作者,可以启用内容。

(2) 新的打包和签名功能只适用于 Access 2007 文件格式的数据库。Access 2007 提供了旧式工具来签名和分发以早期版本文件格式创建的数据库。无法使用这些旧式工具来签名和部署以新文件格式创建的文件。

(3) 只能将一个数据库添加到包中。

(4) 此过程将对数据库中的所有对象(而不仅仅是宏或代码模块)进行代码签名,此过程还会压缩包文件,这样有助于减少下载时间。

(5) 可以从位于 Windows SharePoint Services 3.0 服务器上的包文件中提取数据库。

任务一 创建、提取和使用签名包

若要执行本任务步骤,必须至少有一个可用的安全证书。如果没有证书,可以使用 SelfCert 工具创建一个,详细见 7.1.6。

任务描述

如何创建签名的包文件以及使用签名的包文件中的数据库。

任务分析

以"电子商城"数据库为例,让学生掌握创建、提取和使用签名包的操作方法。

任务实现

1) 创建要签名的包

（1）启动 Access 2007 软件。

（2）选择"Office 按钮"|"发布"选项，然后单击"打包并签署"，将出现"选择证书"对话框，如图 7.2 所示。

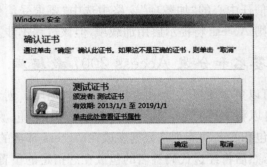

图 7.2   "选择证书"对话框

（3）选择数字证书然后单击"确定"，出现"创建 Microsoft Office Access 签名包"对话框，如图 7.3 所示。

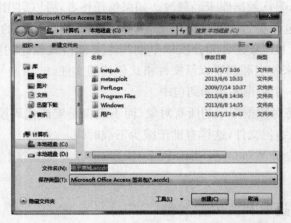

图 7.3   "创建 Microsoft Office Access 签名包"对话框

（4）在"保存位置"列表中，为签名的数据库包选择一个位置。在"文件名"框中为签名包输入名称，然后单击"创建"。Access 将创建（.accdc 文件）到指定的位置。

2）提取和使用签名包

（1）启动 Access 2007 软件。

（2）选择"Office 按钮"|"打开"选项，在"文件类型"列表中，选择"Microsoft Office Access 签名包'＊.accdc'"，找到需要打开的数据库包文件，单击"打开"，如

图 7.4 所示。

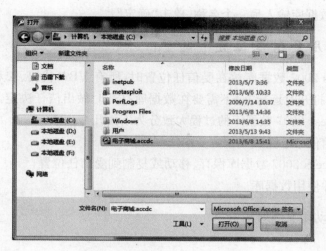

图 7.4　打开"∗.accdc 文件"

　　（3）如果尚未选择信任数字证书，将
会出现一条建议消息，如图 7.5 所示。

　　（4）如果信任数据库，请单击"打开"。
如果信任提供商的证书，请单击"信任来自
发布者的所有内容"。将出现"将数据库提
取到"对话框，如图 7.6 所示。

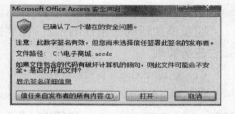

图 7.5　Microsoft Office Access 安全声明

图 7.6　"将数据库提取到"对话框

（5）在"保存位置"列表中，为提取的数据库选择一个位置，然后在"文件名"框中，为提取的数据库输入另一个名称，单击"确定"。

7.1.4　使用受信任位置中的 Access 2007 数据库

将 Access 2007 数据库放在受信任位置时，所有 VBA 代码、宏和安全表达式都会在数据库打开时运行，而不需要在数据库打开时做出信任决定。使用受信任位置中的 Access 2007 数据库的过程大致分为下面几个步骤：

① 使用信任中心查找或创建受信任位置；
② 将 Access 2007 数据库保存、移动或复制到受信任位置；
③ 打开并使用数据库。

任务二　启动信任中心

任务描述

详细介绍了如何查找或创建受信任位置，然后将数据库添加到该位置。

任务分析

通过添加新的受信任的位置，让学生掌握启动信任中心的操作方法。

任务实现

（1）启动 Access 2007 软件。

（2）选择"Office 按钮"｜"Access 选项"选项，单击"信任中心"，然后在"Microsoft Office Access 信任中心"下，单击"信任中心设置"，弹出"信任中心"对话框，如图 7.7 所示。

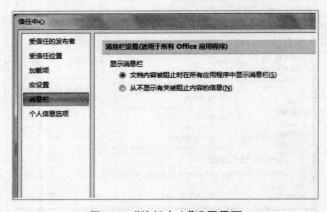

图 7.7　"信任中心"设置界面

（3）单击"受信任位置"，创建新的受信任位置。单击"添加新位置"，然后完成"Microsoft Office 受信任位置"对话框中的选项，如图 7.8 所示。

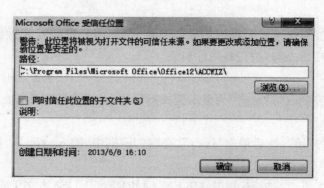

图 7.8　"Microsoft Office 受信任位置"设置界面

（4）将数据库文件移动或复制到受信任位置。例如，可以使用 Windows 资源管理器复制或移动文件，也可以在 Access 中打开文件，然后将它另存到受信任位置。

7.1.5　打开数据库时启用禁用的内容

默认情况下，如果不信任数据库且没有将数据库放在受信任位置，Access 将禁用数据库中所有可执行内容。打开数据库时，Access 将禁用该内容，并显示"消息栏"。如图 7.1 所示。

与 Access 2003 不同，打开数据库时，Access 2007 不会显示一组模式对话框（需要先做出选择然后才能执行其他操作的对话框）。但是，如果希望 Access 2007 恢复这种早期版本行为，可以添加注册表项并显示旧的模式对话框。不管 Access 在打开数据库时的行为如何，如果数据库来自可靠的发布者，就可以选择启用文件中的可执行组件。

如果用户信任该数据库，在"消息栏"上单击"选项"，将显示"Microsoft Office 安全选项"对话框，然后选择"启用此内容"，再单击"确定"，启用所有内容后，Access 将启用所有禁用的内容（包括潜在的恶意代码），直到关闭数据库。如果用户不信任该数据库，则在"Microsoft Office 安全选项"对话框中选择"有助于保护我避免未知内容风险（推荐）"，然后单击"确定"，此时 Access 将禁用所有可能存在危险的组件。

若看不到消息栏，就在"数据库工具"选项卡的"显示/隐藏"组中单击"消息栏"。

任务三　添加注册表项改"消息栏"为显示模式对话框

任务描述

错误编辑注册表可能严重损坏操作系统，从而需要重新安装操作系统。笔者建议大家编辑注册表前，请先备份注册表。

任务分析

添加注册表项改"消息栏"为显示模式对话框，让学生掌握具体的操作方法。

任务实现

（1）单击"开始"，然后单击"运行"，在"打开"框中，键入 regedit，然后按回车键执行。

（2）启动注册表编辑器，展开 HKEY_CURRENT_USER 文件夹，导航到注册表项 Software\Microsoft\Office\12.0\Access\Security。

（3）在注册表编辑器的右窗格中，右键单击空白区域，指向"新建"，并单击"DWORD 值"，此时会出现一个新的空白 DWORD 值，为该值键入以下名称：ModalTrustDecisionOnly。

（4）双击这个新值，将出现"编辑 DWORD（32 位）值"对话框。在"数值数据"字段中，将"0"更改为"1"，然后单击"确定"，如图 7.9 所示。

（5）关闭注册表编辑器。再次打开数据库时就显示模式对话框，而不是"消息栏"，如图 7.10 所示。

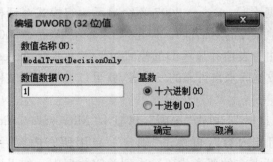

图 7.9　"编辑 DWORD（32 位）值"对话框　　　图 7.10　显示模式对话框

7.1.6　将安全性作用于在 2007 中打开早期版本的 Access 数

打开在早期版本的 Access 中创建的数据库时，任何应用于该数据库的安全功能仍然有效。例如，如果曾将用户级安全应用于数据库，则该功能在 Access 2007

中仍然有效。默认情况下，Access 在禁用模式下打开所有低版本的不受信任数据库，并使它们保持在该状态下。用户可以选择在每次打开低版本数据库时启用任何禁用内容或可以使用来自受信任发布者的证书来应用数字签名，也可以将数据库放在受信任的位置。

对于 Access 2007 之前的数据库，代码签名是将数字签名应用于数据库内的组件的过程。数字签名是加密的电子身份验证图章，它用来确认数据库中的宏、代码模块和其他可执行组件来自签名者，并且自数据库签名以来未被更改过。

若要将签名应用于数据库，首先需要一个数字证书。如果数据库是为了进行商业分发而创建的，则必须从诸如 VeriSign、Inc 或 GTE 这样的商业证书颁发机构（CA）获得证书。证书颁发机构将进行背景检查，以验证制作数据库的人（称为发布者）是否可信任。

如果要为个人或在受限的工作组环境下使用数据库，则可以使用 Microsoft Office Professional 2007 提供的用于创建自签名证书的工具。下面介绍如何安装和使用名为 SelfCert.exe 的工具来创建自签名证书，并将该证书添加到受信任来源列表，然后对数据库进行签名。

如果要创建数字证书，首先单击"开始"，依次指向"所有程序""Microsoft Office""Microsoft Office 工具"，然后单击"VBA 项目的数字证书"，如图 7.11 所示。

图 7.11　"VBA 项目的数字证书"位置

或者找到包含 Office Professional 2007 程序文件的安装文件，其默认文件夹为驱动器:\Program Files\Microsoft Office\Office12。在该文件夹中，找到并双击

"SelfCert. exe",将出现"创建数字证书"对话框,如图 7. 12 所示。然后在"您的证书名称"框中,键入新测试证书的名称,单击"确定",出现成功提示后,再单击"确定"即可。

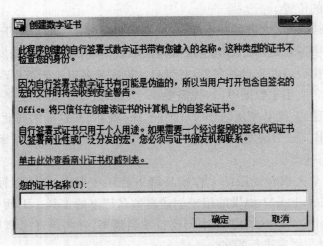

图 7.12　"创建数字证书"对话框

7.2　数据库安全管理方法

学习目标

- 掌握压缩和修复数据库的方法;
- 掌握备份和恢复数据库的方法;
- 掌握设置和删除数据库密码的方法;
- 掌握隐藏数据库对象的方法;
- 掌握生成 MDE 文件的方法。

能力目标

- 能够灵活运用各种方法去巩固数据库的安全性。

任务一　压缩和修复数据库

任务描述

压缩"电子商城"数据库,再以压缩的数据库来修复数据库。

任务分析

以"电子商城"数据库为例,让学生掌握压缩和修复数据库的操作方法。

任务实现

1. 压缩数据库

压缩数据库不仅能够备份数据库,还可以防止因数据库变大而引起的执行性能变慢,防止因此造成的数据库损坏。

(1) 启动 Access 2007 软件。

(2) 选择"Office 按钮"|"管理"|"压缩和修复数据库"选项,弹出"压缩数据库来源"对话框,如图 7.13 所示。

(3) 在该对话框中选择我们需要压缩的数据库,这里选择"电子商城"数据库,单击"压缩"按钮,弹出"将数据库压缩为"对话框,如图 7.14 所示。

(4) 在"文件名"文本框中输入压缩的文件名,单击"保存"按钮即可。

图 7.13 "压缩数据库来源"对话框

为了提高工作效率,我们还可以选择自动压缩数据库功能,实现方法如下:

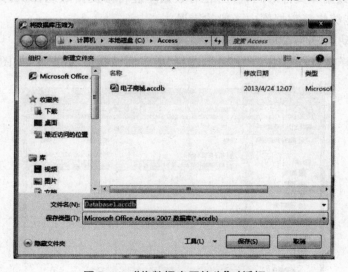

图 7.14 "将数据库压缩为"对话框

打开我们的数据库,这里打开"电子商城"数据库,选择"Office 按钮"|"Access 选项",切换到"当前数据库"标签,将"关闭时压缩"复选框勾选上,单击"确定"按钮

即可,如图 7.15 所示。

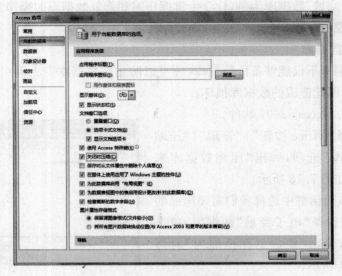

图 7.15　设置自动压缩数据库选项

2. 修复数据库

在压缩数据库文件的同时,已经对数据库进行修复。因此在执行压缩数据库命令时,就能够修复数据库中一般的错误。

(1) 启动 Access 2007 软件。

(2) 选择"Office 按钮"|"打开",选择"电子商城备份"数据库,如图 7.16 所示。

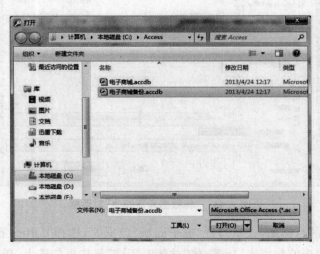

图 7.16　打开备份数据库

（3）在"打开"对话框中，点击"打开"按钮旁边向下的三角形，在打开菜单中选择"以独占方式打开"选项，打开要修复的数据库。

（4）选择"Office 按钮"|"管理"|"压缩和修复数据库"选项，即可修复数据库。

任务二　备份和恢复数据库

任务描述

先备份"电子商城"数据库，再恢复数据库。

任务分析

以"电子商城"数据库为例，让学生掌握备份和恢复数据库的操作方法。

备份数据库的方法很多，可以使用系统自带的备份功能，也可以使用其他软件来备份数据库文件，这里我们使用 Access 2007 自带的备份数据库功能来备份"电子商城"数据库。

任务实现

（1）启动 Access 2007 软件。

（2）选择"Office 按钮"|"打开"，打开"电子商城"数据库。

（3）选择"Office 按钮"|"管理"|"备份数据库"选项，弹出"另存为"对话框，如图 7.17 所示。

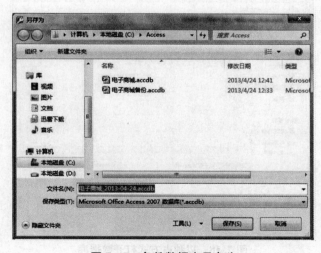

图 7.17　备份数据库另存为

（4）选择保存数据库文件的位置，建议使用默认的文件名（默认文件名是以原数据库名加系统当前日期来命名的）来保存。

因为 Access 2007 没有提供恢复数据库的功能，所以我们恢复数据库的操作是直接拿备份的数据库替换原来的数据库。

任务三　设置和删除数据库密码

任务描述

为"电子商城"数据库设置和删除数据库密码。

任务分析

以"电子商城"数据库为例,让学生掌握设置和删除数据库密码的操作方法。

任务实现

1. 设置数据库密码

设置密码是最简单有效的安全措施,Access 2007 也提供了这一功能可以对数据库进行加密处理。

(1) 启动 Access 2007 软件。

(2) 选择"Office 按钮"|"打开",选择"电子商城"数据库。

(3) 在"打开"对话框中,点击"打开"按钮旁边向下的三角形,在打开菜单中选择"以独占方式打开"选项,打开数据库,如图 7.18 所示。

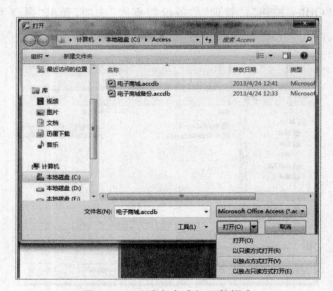

图 7.18　以独占方式打开数据库

(4) 切换到"数据库工具"面板,选择"数据库工具"选项板中的"用密码进行加密",弹出"设置数据库密码"对话框,如图 7.19 所示。

(5) 在"密码"文本框中输入需要设置的密码,在"验证"文本框中再次输入需要设置的密码(两个文本框中输入的密码必须一样),点击"确定"即可。

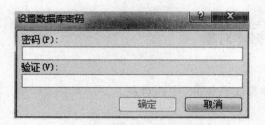

图 7.19　设置数据库密码

按照上述操作,"电子商城"数据库密码设置成功,再次打开该数据库时就会弹出"要求输入密码"对话框,如图 7.20 所示。如果输入错误,系统会提示密码无效,如图 7.21 所示。

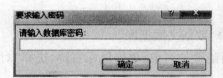

图 7.20　输入密码

图 7.21　密码无效提示

2.　删除数据库密码

如果要删除数据库密码,其操作步骤如下。

(1) 启动 Access 2007 软件。

(2) 选择"Office 按钮"|"打开",选择"电子商城"数据库。

(3) 在"打开"对话框中,点击"打开"按钮旁边向下的三角形,在"打开"菜单中选择"以独占方式打开"选项,输入设置过的数据库密码,打开数据库。

(4) 切换到"数据库工具"面板,选择"数据库工具"选项板中的"解密数据库",弹出"撤销数据库密码"对话框,如图 7.22 所示。

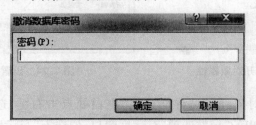

图 7.22　"撤销数据库密码"对话框

（5）在"密码"文本框中输入当前设置的密码，点击"确定"即可删除数据库的密码。

任务四　隐藏数据库对象

任务描述

隐藏和显示"罗斯文数据库"中的对象。

任务分析

以"罗斯文数据库"中的"销量居前十位的订单"为例，让学生掌握隐藏和显示数据库对象的操作方法。

基于数据库安全的考虑，可以将一些数据库对象隐藏起来，禁止出现在数据库窗口中，下面我们以"罗斯文数据库"为例来操作。

任务实现

（1）启动 Access 2007 软件。

（2）选择"Office 按钮"|"打开"，选择"罗斯文数据库"。

（3）点击"导航窗格"选项，选择需要隐藏的对象，单击鼠标右键，选择"对象属性"命令，如图 7.23 所示。

（4）弹出该对象的属性对话框，选择"隐藏"复选框，点击"确定"即可隐藏该对象，如图 7.24 所示。

图 7.23　打开对象属性

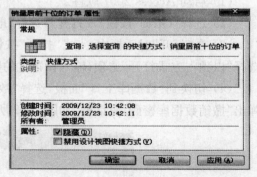

图 7.24　设置隐藏对象

如果要显示该对象，则在"导航窗格"空白处点击右键，选择"导航选项"，如图 7.25所示。在弹出的"导航选项"对话框窗口，勾选上"显示隐藏对象"，点击"确定"即可显示隐藏的对象，如图 7.26 所示。若要取消该对象的隐藏属性，请在"对象属性"对话框中取消"隐藏"属性即可。

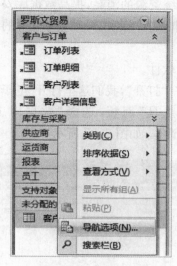

图 7.25　打开导航选项

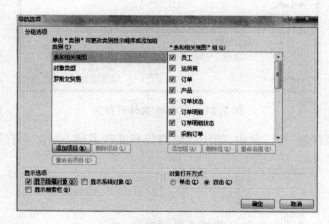

图 7.26　显示隐藏对象

任务五　生成 MDE 文件

任务描述

为"电子商城"数据库生成 MDE(ACCDE)文件。

任务分析

以"电子商城"数据库为例,让学生掌握生成 MDE 文件的操作方法。

将数据库文件转换为 ACCDE 文件,不仅删除了所有可以编辑的源代码,而且可以压缩数据库,减少对系统资源的消耗,提高数据库安全性的同时也提高了数据库的执行性能。但是建议同时做好 ACCDB 数据库文件的备份,以防止源代码丢失。

任务实现

(1) 启动 Access 2007 软件。

(2) 选择"Office 按钮"|"打开",我们这里打开"电子商城"数据库。

(3) 切换到"数据库工具"面板,选择"数据库工具"选项板中的"生成 ACCDE",弹出"保存为"对话框,如图 7.27 所示。

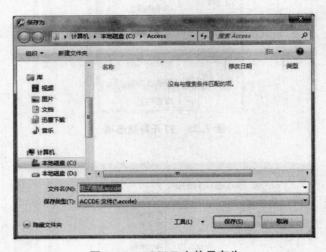

图 7.27　ACCDE 文件另存为

(4) 在"保存为"对话框中,指定存储路径和文件名称,点击"保存"即可。

习题

一、判断题

1. 数据库的自动压缩仅当数据库关闭时进行。　　　　　　　　　(　)

2. 数据库修复可以修复数据库的所有错误。　　　　　　　　　　(　)

3. 数据库经过压缩后,数据库的性能会更加优化。　　　　　　　(　)

4. Access 不仅提供了数据库备份工具,还提供了数据库还原工具。 (　)

5. 数据库文件的 MDB 格式转换成 MDE 格式后,还可以再转换回来。

　　　　　　　　　　　　　　　　　　　　　　　　　　　　(　)

6. 数据库文件设置了密码以后,如果密码忘记,可通过工具撤消密码。

　　　　　　　　　　　　　　　　　　　　　　　　　　　　(　)

7. 添加数据库用户的操作仅有数据库管理员可以进行。　　　　（　　　）

8. 一个用户可以修改自己的数据库密码。　　　　（　　　）

9. Access 可以获取所有外部格式的数据文件。　　　　（　　　）

10. 外部数据的导入与链接的操作方法基本相同。　　　　（　　　）

二、填空题

1. 对数据库的压缩将重新组织数据库文件,释放那些由于_____所造成的空白的磁盘空间,并减少数据库文件的_____占用量。

2. 数据库打开时,压缩的是_____。如果要压缩和修复未打开的 Access 数据库,可将压缩以后的数据库生成_____,而原来的数据库_____。

3. 使用"压缩和修复数数据库"工具不但可以完成对数据库的_____,同时还_____的一般错误。

4. MDE 文件中的 VBA 代码可以_____,但无法再_____,数据库也像以往一样_____。

5. 可以通过两种方法对数据库进行加密,一是设置_____,二是对数据库_____。两者有所不同,数据库加密时_____。

6. 管理员通过用户权限的设置,可限制用户_____,使数据库更加_____。

7. 当外部数据导入时,则导入到 Access 表中的数据和原来的数据之间_____。而链接表时,一旦数据发生变化,将直接反映到_____。

8. 数据库的保护常用的方法有_____、_____、_____、_____。

三、简答题

1. MDE 文件与 MDB 文件的主要区别是什么?

2. 数据库同步复制与数据库有何不同?

3. 数据库加密的常用方法有哪些?

第8章 成绩管理系统的开发

本章主要围绕教师期末工作中的成绩处理来展开,体现了一个完整的简单系统开发的过程,所有任务均来源于实际的教学工作,并在实际工作中有多年的应用体会。据估计该系统能提高成绩处理效率三倍左右,同时系统还是比较容易被掌握的,并且该系统成绩处理的正确性大大超过了以前的手工处理。前面各章所介绍的对象都综合应用到该系统中,体现了学以致用的教学思想,若能好好研究,相信能起到举一反三的效果,必能促使我们将学习的知识真正应用到实际的工作中,提高我们的工作效率。

8.1 成绩管理的基本数据维护

学习目标

- 完成成绩管理系统开发的系统分析;
- 数据库的设计规范;
- 表、查询、窗体对象在成绩管理系统中的应用。

能力目标

- 能进行简单的系统分析、系统设计;
- 能根据系统设计的结果来组织 ACCESS 中各类对象的设计与实现;
- 能进行简单程序代码的编写。

本节将完成成绩管理系统基本数据的录入、修改、删除,实现某位教师教学过程中常见的成绩管理任务中的基础数据维护工作,主要实现以下功能:

(1) 平时成绩的录入及维护;

(2) 期末成绩的录入及维护。

任务一　系统分析及系统设计

任务描述

通过调查得到有关成绩管理业务的第一手资料,主要从教师的角度来分析该系统所需实现的主要功能。

任务分析

针对要开发的系统用户到底有何需求,前期应该先做调查分析,接着做好设计,然后才能实施。

任务实现

(1) 初步调查

调查方法:询问、实地考察、查资料等。

调查内容:

① 调查我校学生成绩管理信息系统:组织概况、系统目标、现行系统情况、简单历史、人员基本情况、面临的问题及主要困难等;

② 信息需求情况:了解各职能机构所要处理的数据,估计各机构发生的数据,调查内、外部环境的信息及信息源;

③ 了解教师所要提交数据的基本特点、时机。

(2) 功能需求描述

当教师要查看某一学生信息时,可以自动显示出这个学生该门课程的学习成绩,同时能显示该同学的一些基本信息,特别是近期相片,这是很多成绩管理系统容易忽视,但对于我们掌握学生学习情况又很重要的一项信息。在成绩信息中,教师可以对成绩进行增加、修改和删除,同时还能自动计算出学生的平时成绩总分和综合成绩,并能打印报表。这些功能的实现可以对学生成绩进行分析,便于在以后的教学中改进我们的工作。

(3) 业务流程分析

根据实际业务调查,给出业务流程图,如图 8.1 所示。

(4) 针对业务流程图作进一步分析,给出模块结构图,如图 8.2 所示。

　相关知识

(1) 系统分析

系统分析是做软件设计的第一步,也是软件开发成功的关键。系统分析的主要任务是对现行的系统做进一步的详细调查,将调查到的文档资料集中,对组织内

部整体管理状况和信息处理过程进行分析,为系统开发提供所需的资料,并提交系统方案说明书。

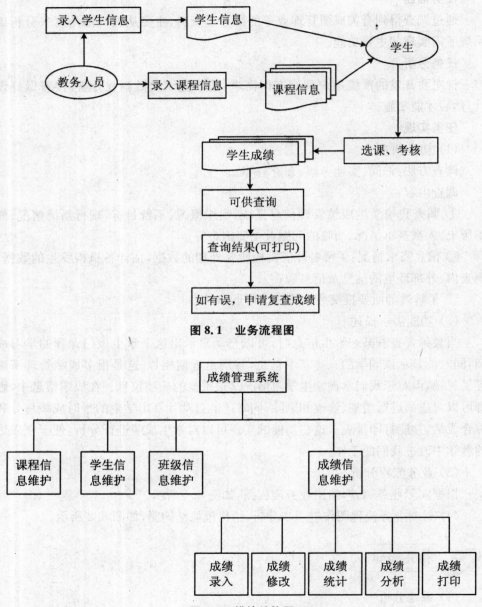

图 8.1   业务流程图

图 8.2   模块结构图

（2）系统设计

系统设计是新系统的物理设计阶段。根据系统分析阶段所确定的新系统的逻辑模型和功能要求，在用户提供的环境条件下，设计出一个能有效实施的方案，即建立新系统的物理模型。这个阶段是设计软件系统的模块层次结构，设计数据库的结构以及设计模块的控制流程，其目的是明确软件系统"如何做"。

任务二 表的设计

任务描述

根据模块设计的基本内容，完成数据库中基本数据表的设计，为后续设计打好基础。

任务分析

表是我们要开发的系统的基础，通过前期的调查分析，得到了系统的数据需求，根据这些数据需求，结合表的设计知识，我们需要设计几个和成绩管理相关的表并录入数据。

任务实现

（1）创建成绩管理数据库。

（2）分别设计"班级表"、"成绩表"、"课程表"以及"学生表"，表结构分别如图 8.3、图 8.4、图 8.5 和图 8.6 所示。

图 8.3 班级表

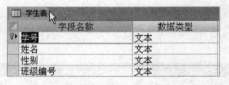

图 8.4 成绩表

图 8.5 课程表

图 8.6 学生表

（3）建立表间关系，如图 8.7 所示，进一步设置参照完整性。

（4）录入班级、课程、成绩及学生数据，分别如图 8.8、图 8.9、图 8.10、图 8.11所示，其中学生表的数据从已有的相关 EXCEL 文件导入，而其他数据可以通过后面的输入窗体完成。

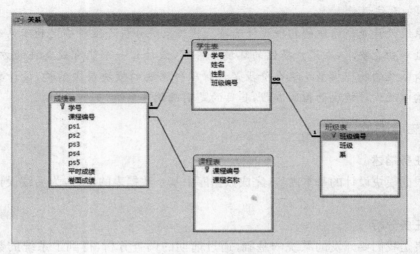

图 8.7　表间关系

班级表

班级编号	班级	系
001	2010会电1	会计系
002	2010会电2	会计系
003	2010会电3	会计系
004	2010会电4	会计系
005	2010会电5	会计系

图 8.8　“班级表”数据录入

课程表

课程编号	课程名称
k001	数据库应用技术

图 8.9　“课程表”数据录入

成绩表

学号	课程编号	ps1	ps2	ps3	ps4	ps5	平时成绩	卷面成绩
10302101	k001	85	85	85	80	80	80	80
10302102	k001	90	95	95	90	90	95	90
10302103	k001	80	80	85	80	80	80	87
10302104	k001	80	80	85	80	80	80	67
10302105	k001	80	80	85	80	80	80	66
10302107	k001	80	80	85	80	80	80	90
10302108	k001	80	80	85	80	80	80	87
10302109	k001	80	80	85	80	80	80	88
10302110	k001	80	80	85	80	80	80	67
10302111	k001	80	80	85	80	80	80	56
10302112	k001	85	85	90	90	80	85	54
10302113	k001	80	80	85	80	80	80	98
10302114	k001	80	80	85	80	80	80	99
10302115	k001	85	85	90	90	80	85	76
10302117	k001	80	80	85	80	80	80	56
10302118	k001	80	80	85	80	80	80	78
10302119	k001	80	80	85	80	80	80	79
10302120	k001	80	80	85	80	80	80	89
10302121	k001	80	80	85	80	80	80	90
10302122	k001	80	80	85	80	80	80	76
10302123	k001	80	80	85	80	80	80	56
10302124	k001	80	80	85	80	80	80	77
10302125	k001	85	85	90	90	80	85	88
10302126	k001	90	90	95	85	80	90	66
10302127	k001	80	80	85	80	80	80	55
10302128	k001	80	80	85	80	80	80	45

图 8.10　“成绩表”数据

学生表

学号	姓名	性别	班级编号
09302[illegible]33	王某某	女	004
10102236	张某某	女	004
10102303	左某某	女	003
10102313	陈某某	女	002
10102320	孙某某	女	003
10103217	王某某	女	004
10201104	马某某	女	002
10201254	汪某某	女	004
10202249	刘某某	女	003
10203103	吴某某	女	002
10203132	崔某某	女	003
10203248	时某某	女	005
10203303	高某某	女	003
10203316	汪某某	女	002
10203355	周某某	女	005
10203370	王某某	男	004
10203416	周某某	女	003
10203427	王某某	女	004

图 8.11　“学生表”数据

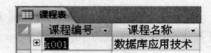

 相关知识

表的设计是数据库设计的重要环节,它是数据库设计的基石,经历了概念设计、逻辑设计和物理设计三个阶段。表设计的质量好坏直接决定了数据库的质量,它还包括了表间关系的设计,所设计的表应是一个有机整体。

任务三　查询的设计

任务描述

完成根据科目和班级的不及格成绩查询、成绩区间统计查询及根据科目和班级查询成绩详情。

任务分析

表本质上作为数据的存储工具,其数据直观性、交互性都不强,为此我们需要重新构造数据,让数据更好地服务于我们的系统。

任务实现

(1) 以"班级表"、"学生表"、"成绩表"和"课程表"为数据源,设计参数查询,根据科目和班级查询成绩详情,设计界面如图 8.12 所示。

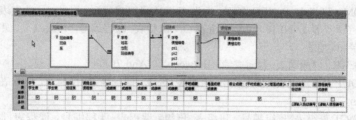

图 8.12　根据科目和班级查询成绩详情的设计界面

(2) 以根据科目和班级查询成绩详情作为数据源,设计根据科目和班级查询不及格的学生的名单,设计界面如图 8.13 所示。

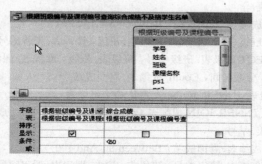

图 8.13　根据科目和班级查询不及格学生名单的设计界面

（3）卷面成绩区间统计查询,使用 SQL 查询来实现,具体代码如下:

SELECT 班级表.班级编号, 班级表.班级, 课程表.课程编号, 课程表.课程名称,'0~59 分' as 分数区间, Count(成绩表.卷面成绩) AS 人数

FROM（班级表 INNER JOIN 学生表 ON 班级表.班级编号 = 学生表.班级编号）INNER JOIN（课程表 INNER JOIN 成绩表 ON 课程表.课程编号 = 成绩表.课程编号）ON 学生表.学号 = 成绩表.学号

WHERE (((成绩表.卷面成绩) Between 0 And 59))

GROUP BY 班级表.班级编号, 班级表.班级, 课程表.课程编号, 课程表.课程名称;

union

SELECT 班级表.班级编号, 班级表.班级, 课程表.课程编号, 课程表.课程名称,'60~69 分' as 分数区间, Count(成绩表.卷面成绩) AS 人数

FROM（班级表 INNER JOIN 学生表 ON 班级表.班级编号 = 学生表.班级编号）INNER JOIN（课程表 INNER JOIN 成绩表 ON 课程表.课程编号 = 成绩表.课程编号）ON 学生表.学号 = 成绩表.学号

WHERE (((成绩表.卷面成绩) Between 60 And 69))

GROUP BY 班级表.班级编号, 班级表.班级, 课程表.课程编号, 课程表.课程名称;

union

SELECT 班级表.班级编号, 班级表.班级, 课程表.课程编号, 课程表.课程名称,'70~79 分' as 分数区间, Count(成绩表.卷面成绩) AS 人数

FROM（班级表 INNER JOIN 学生表 ON 班级表.班级编号 = 学生表.班级编号）INNER JOIN（课程表 INNER JOIN 成绩表 ON 课程表.课程编号 = 成绩表.课程编号）ON 学生表.学号 = 成绩表.学号

WHERE (((成绩表.卷面成绩) Between 70 And 79))

GROUP BY 班级表.班级编号, 班级表.班级, 课程表.课程编号, 课程表.课程名称;

union

SELECT 班级表.班级编号, 班级表.班级, 课程表.课程编号, 课程表.课程名称,'80~89 分' as 分数区间, Count(成绩表.卷面成绩) AS 人数

FROM（班级表 INNER JOIN 学生表 ON 班级表.班级编号 = 学生表.班级编号）INNER JOIN（课程表 INNER JOIN 成绩表 ON 课程表.课程编号 = 成绩表.课程编号）ON 学生表.学号 = 成绩表.学号

WHERE (((成绩表.卷面成绩) Between 80 And 89))

GROUP BY 班级表.班级编号, 班级表.班级, 课程表.课程编号, 课程表.课程名称;

UNION SELECT 班级表.班级编号, 班级表.班级, 课程表.课程编号, 课程表.课程名称,'90~100 分' as 分数区间, Count(成绩表.卷面成绩) AS 人数

FROM（班级表 INNER JOIN 学生表 ON 班级表.班级编号 = 学生表.班级编号）INNER JOIN（课程表 INNER JOIN 成绩表 ON 课程表.课程编号 = 成绩表.课程编号）ON 学生表.学号 = 成绩表.学号

WHERE (((成绩表.卷面成绩) Between 90 And 100))

GROUP BY 班级表.班级编号, 班级表.班级, 课程表.课程编号, 课程表.课程名称;

相关知识

此处任务使用了参数查询,和前面的参数查询不同的是,该处的查询用了两个参数,在使用该查询时应首先对表的相关数据的表达规范有一定了解;

卷面成绩区间统计查询表面上很复杂,若使用问题分解的方法,可以先考虑某一个区间的成绩统计,而且也不需要写 SQL 代码,直接用查询设计器设计好某一区间的成绩统计,然后切换到 SQL 视图,再进一步修改 SQL 代码解决其他成绩区间的统计问题,最后使用 union 查询完成所需功能。

任务四　窗体设计

任务描述

设计窗体,实现基本数据的录入以及编辑。

图 8.14　"班级信息录入"窗体

任务分析

对于非程序开发人员而言,用户界面就是他们的系统,如何增强数据的表现力及数据加工的方便性,对于系统的推广有着至关重要的意义,本任务就是针对这一需求展开设计。

任务实现

(1) 设计"班级信息录入"窗体,将"班级表"作为其数据源,运行后效果如图 8.14所示。

(2) 设计"卷面成绩录入"窗体,运行效果如图 8.15 所示,该窗体的数据源如图 8.16所示。

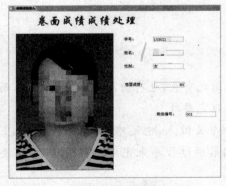

图 8.15　"卷面成绩成绩处理"窗体

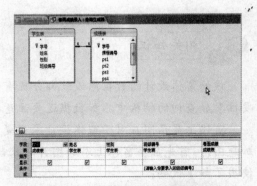

图 8.16　卷面成绩处理窗体的数据源设计

（3）设计"课程信息录入"窗体，运行效果如图 8.17 所示，窗体数据源为课程表。

（4）设计"平时成绩录入"窗体，运行效果如图 8.18 所示，窗体数据源如图 8.19所示。

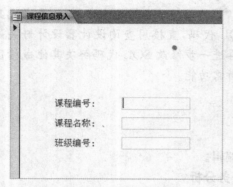

图 8.17　课程信息录入窗体

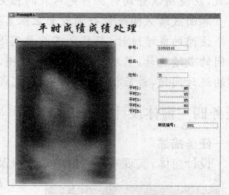

图 8.18　平时成绩处理窗体

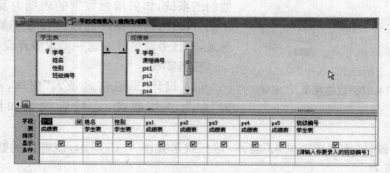

图 8.19　平时成绩处理窗体数据源设计

　相关知识

该处窗体设计的数据源设计部分既有使用现有表，也有使用带参数的查询，而要往参数查询的结构中添加数据还要注意参照完整性。

窗体上显示图片对于窗体设计来说是一个关键点，也是难点。要完成窗体上加载图片，首先应在窗体上添加图片对象，然后通过程序来完成图片的显示，主要使用了如下代码：

```
Private Sub Form_Current()
Dim TempPhotoPath As String
TempPhotoPath = CurrentProject. Path & "\会电 101\" & Me. 学号 & ". jpg"
If FileExistCheck(TempPhotoPath) = 1 Then
Me. 照片. Picture = LoadPicture(TempPhotoPath)
Else
Me. 照片. Picture = LoadPicture("")
End If
End Sub
Public Function FileExistCheck(ByVal strFileName As String) As Integer
'测试路径是否有效
'返回 0 代表文件或路径不存在
'返回 1 代表该文件存在
'返回 2 代表该文件夹存在
Dim intAttr As Integer
On Error GoTo Err:
FileExistCheck = 0
If Len(strFileName) > 0 Then
intAttr = GetAttr(strFileName)
If (intAttr And vbDirectory) Then
FileExistCheck = 2'
Else
FileExistCheck = 1'
End If
End If
Exit Function
End Function
```

8.2 成绩管理中数据的输出

本节将完成成绩管理系统数据的输出,实现某位教师教学过程中常见的成绩
分析结果的输出及系统的集成,主要为实现以下功能:

(1) 不及格成绩分析;

(2) 成绩区间分析;

(3) 成绩的上报;

(4) 系统集成。

学习目标

- 完成开发的成绩管理系统的数据输出；
- 掌握报表在成绩管理系统中的应用；
- 掌握系统的集成。

能力目标

- 能根据已有的纸质文档设计合理的报表；
- 能设计符合用户使用习惯的系统界面。

任务一　报表的设计

任务描述

完成"卷面成绩分析报表"、"成绩报表"及"不及格成绩报表"。

任务分析

学期末教师需要提交成绩数据并做成绩分析，针对学校提供的"成绩表"和"成绩分析表"，完全可以利用系统已有的数据，让计算机帮助我们完成这些报表。

任务实现

（1）设计"卷面成绩分析报表"，如图 8.20 所示，采用成绩区间统计查询作为数据源，运行效果如图 8.21 所示。

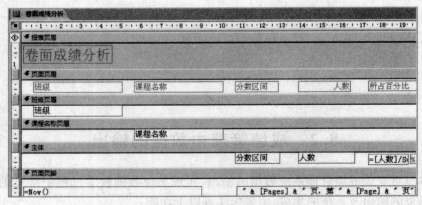

图 8.20　"卷面成绩分析报表"的设计

（2）设计"成绩报表"，如图 8.22 所示，采用根据科目和班级查询成绩详情作为报表的数据源，运行效果如图 8.23 所示。

（3）设计"不及格成绩报表"，如图 8.24 所示，采用根据科目和班级查询不及

卷面成绩分析

班级	课程名称	分数区间	人数	所占百分比
2010会电1				
	数据库应用技术			
		0~59分	10	16.39 %
		60~69分	13	21.31 %
		70~79分	14	22.95 %
		80~89分	16	26.23 %
		90~100分	8	13.11 %

图 8.21　"卷面成绩分析报表"的预览

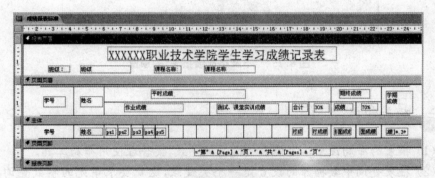

图 8.22　"成绩报表"的设计

XXXXXX职业技术学院学生学习成绩记录表

班级: 2010会电1　　课程名称: 数据库应用技术

学号	姓名	平时成绩 作业成绩					测试、课堂实训成绩	合计	30%	期终成绩 成绩	70%	学期成绩
10302101	胡某某	85	85	85	80	80		80	24	80	56	80
10302102	黄某某	90	95	95	90	90		95	28.5	90	63	92
10302103	金某某	80	80	85	80	80		80	24	87	60.9	85
10302104	王某某	80	80	85	80	80		80	24	67	46.9	71
10302105	吴某某	80	80	85	80	80		80	24	66	46.2	70
10302107	葛某某	80	80	85	80	80		80	24	90	63	87
10302108	周某某	80	80	85	80	80		80	24	87	60.9	85
10302109	马某某	80	80	85	80	80		80	24	88	61.6	86
10302110	程某某	80	80	85	80	80		80	24	67	46.9	71
10302111	何某某	80	80	85	80	80		80	24	56	39.2	63
10302112	王某某	85	85	90	90	80		85	25.5	54	37.8	63

图 8.23　"成绩报表"设计的效果预览

格学生名单的查询详情作为报表的数据源,在运行过程中,先输入参数,得到如图 8.25所示的效果图。

图 8.24　"不及格成绩报表"的设计

图 8.25　"不及格成绩报表"的预览

 相关知识

(1) 报表的布局设置尽可能和实际情况一致,要合理使用布局工具。

(2) 报表查询中数据源的设置是一个关键点,这就要求事先的参数查询要设计好,这样设计的报表才能符合用户的需求。

(3) 此处报表的线条处理一定要利用好报表设计中所提供的一些布局工具。可以先处理好第一条线条,其他线条只要先做定性,也就说告诉系统这里有根竖的或者横的线条,至于多高以及和其他线条的间隔可以用布局工具等高或等距等命令来处理,有时也有可能用到属性窗口来做设置。

(4) 图 8.22 和图 8.23 之间的关系一定要理解透,在实际教学中,有不少同学不清楚在报表设计中的主体部分是循环显示数据源中对应的记录的。

任务二　系统集成

任务描述

将所有的对象有机结合起来,方便用户操作。

任务分析

本章前面任务所完成的设计没有最终形成一个整体,用户使用起来并不方便。形成一个统一的操作界面,通过一些命令将前面设计的内容组织起来就是本任务的主要目标。

任务实现

（1）设计主切换面板，如图 8.26 所示，对应的运行效果如图 8.27 所示。

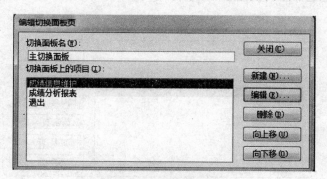

图 8.26　主切换面板的设计

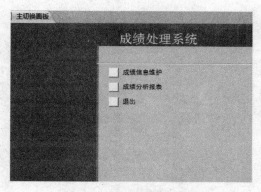

图 8.27　主切换面板对应的运行效果

（2）设计成绩分析报表切换面板，如图 8.28 所示，在该面板上完成各报表的打开，并能返回主切换面板，该面板对应的效果如图 8.29 所示。

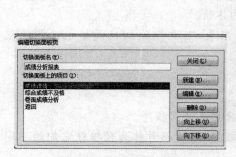

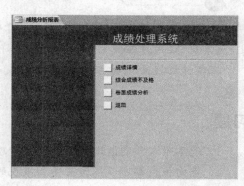

图 8.28　成绩分析报表切换面板的设计　　图 8.29　"成绩分析报表"切换面板的运行效果图

（3）设计成绩信息维护切换面板，如图 8.30 所示，在该面板上完成各窗体的打开操作，并能返回主切换面板，运行效果如图 8.31 所示。

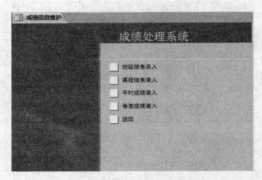

图 8.30　成绩信息维护切换面板的设计

图 8.31　成绩信息维护切换面板的运行效果图

相关知识

集成界面对于用户而言就是系统，因而在设计这些窗体时要做到标准化、形象化、简单化，让用户在使用该系统时有更好的体验。

在制作切换面板时系统会自动生成一张表，若要删除切换面板也应删除这张表。

习题

1. 请参照本章实例设计一个相片管理数据库应用程序。

2. 查询和表都可以作为窗体和报表的数据源，请思考作为数据源它们的不同之处？

参 考 文 献

[1] 刘造新,刘辉. Access 2007 数据库应用技术[M]. 北京:北京交通大学出版社,2010.

[2] 赖积滨,姜继红. Access 2007 中文版基础教程:项目教学[M]. 北京:人民邮电出版社,2008.

[3] 何胜利,王冀鲁. Access 数据库应用技术教程[M]. 北京:中国铁道出版社,2007.

[4] 侯宝稳,吴宝江. Access 2007 完全手册＋办公实例[M]. 北京:中国青年出版社,2007.

[5] 杨涛. 中文版数据库应用实用教程[M]. 北京:清华大学出版社,2009.